● 中国特色农业实用技术丛书

● 新型职业农民培训推荐用书

红阳猕猴桃

吴世权　主编

中国农业科学技术出版社

图书在版编目（CIP）数据

红阳猕猴桃 / 吴世权主编 . —北京：中国农业科
学技术出版社，2014.1
（中国特色农业实用技术丛书）
ISBN 978-7-5116-1460-5

Ⅰ.①红… Ⅱ.①吴… Ⅲ.①猕猴桃—果树园艺
Ⅳ.①S663.4

中国版本图书馆 CIP 数据核字（2013）第 281563 号

责任编辑　李　雪　穆玉红　胡　博
责任校对　贾晓红

出　　版	中国农业科学技术出版社
	北京市中关村南大街 12 号　邮编：100081
电　　话	（010）82109707　82106626（编辑室）
	（010）82109702（发行部）　　（010）82109709（读者服务部）
传　　真	（010）82109707
网　　址	http://www.castp.cn
经　　销	全国各地新华书店
印　　刷	北京科信印刷有限公司
开　　本	880 mm×1230 mm　1/32
印　　张	3.5
字　　数	100 千字
版　　次	2014 年 1 月第 1 版　2017 年 2 月第 3 次印刷
定　　价	22.00 元

编　委　会

主　　编：吴世权

副 主 编：何仕松　闫书贵　梁洪波　邱明强

编　　者：王　荣　闫书贵　吴世权　何仕松

　　　　　张　梧　邱明强　杨佐泉　杨正衡

　　　　　郑　静　梁洪波

目　录

第一章 概　说

第一节　品种来源及营养特性

红阳猕猴桃果实圆柱形，果实中轴部位呈放射状红色条纹，宛如一轮初生的太阳，光芒四射，故名"红阳"。红阳猕猴桃的主要营养成分：可溶性固形物含量高达 19.6%，维生素 C 每 100g 高达 135.77mg，含总糖 13.45%，总酸 0.49%，糖酸比为 27:45。红阳猕猴桃还富含大量矿物质（mg/kg），磷 81.2，钙 832.5，铁 6.7，铜 3.2，钫 420，锌 1.5，钾 747.5，钠 550，锂 44。除此之外，红阳猕猴桃还富含人体所需 17 种氨基酸及果胶柠檬酸，多种微量元素和维生素。其果品品质优良，性状独特，为广大消费者所喜爱。

红阳猕猴桃（原代号苍猕 1-3），是四川省自然资源研究所、苍溪县农业局、苍溪县科委联合在中华猕猴桃自然实生后代中选育而成的优质猕猴桃品种。该品种于 1986 年 9 月从野生中华猕猴桃种子播种的实生后代中被发现，发现时性状为：果心中轴附近子房为红色，单果重 40～50g，果皮为绿色，果肉为黄绿色。当年 9 月中旬分别高接 30 株，进行性状观察。1989 年，红阳猕猴桃（苍猕 1-3）表现丰产、稳产，果实整齐，果肉鲜艳，品质优良，果实耐贮。高接的无性系后代经连续 3 年的观察，其表现性状与母本株基本一致，其红色条纹依然表现出稳定性。1990 年从这些高接的无性系后代中复选出果实较大、单果重 70～80g、果肉黄绿色、果心鲜红色、品质优良的猕猴桃优良株系，分别在苍溪县海拔 600m、750m、1 200m 和峨眉山引种栽培，研究其区域适应性。1995 年 9 月 15—17 日，四川省科委委托专家小组对品种选育的苍溪县田菜乡试验地和海拔 1 200m 的生态点进行了现场验收，得到了专家小组的一致认可。1997 年通过了四川省农作物品种审定委员会审定，并定名为"红阳猕猴桃"。该成果《红阳猕猴桃新品种选育研究》获四川省政府 1997 年度科技进步三等奖。

红阳猕猴桃是世界上的珍稀优良猕猴桃品种，被国家列入保护资源，2003 年 10 月 31 日向国家植物新品种权保护办公室申请了新品种权（申请号 20030407.0）保护，2005 年 1 月 1 日国家新品种权保护办在第 33 期品种授权公告上向社会公告（品种权号 CNA20030407.0，公告号 CNA000531G），对该品种实施品种权保护。

红阳猕猴桃问世以来多次荣获农博会大奖、西部交流新产品金奖，1998 年被四川省科技厅列为重点推广新品种之一，2001 年获国家农业部全国优质猕猴桃评选第一名。2002 年在第五届国际猕猴桃研讨会上，红阳猕猴桃引起了国际猕猴桃界的轰动和关注，受到国内国际专家的一致推崇，因其独特的优良红色条纹性状使其成为新一代主流品种和换代首选品种。2004 年红阳猕猴桃作为苍溪猕猴桃代表品种被国家质检总局纳入原产地域产品保护范畴。

第二节　植物学特征

一、根

红阳猕猴桃栽培植株一般选用美味猕猴桃作砧木。其根为肉质根，嫩而脆，皮层厚。新生根初为白色，随生长延长逐步变深。颜色变化基本为：白色→黄色→黄褐色→褐色→黑褐色。

二、芽

红阳猕猴桃的芽有定芽和不定芽之分，定芽产生于枝蔓上的叶腋间隆起的海绵状芽座中；不定芽是枝蔓受伤或受刺激后，由主干、枝蔓的局部组织分化成芽的分生组织而产生的芽。红阳猕猴桃的芽按其发育程度又可分为饱满芽、较饱满芽和隐芽。按其组成结构还可分为叶芽和混合芽，叶芽只萌发枝蔓，混合芽既萌发枝蔓，又产生花。

红阳猕猴桃花芽为混合芽。其生理分化期主要集中在上年的 6 月上旬至 8 月上中旬，形态分化及性细胞成熟期为当年芽萌发开始到花蕾鳞片松动时结束，在红阳猕猴桃原产地苍溪县海拔 600 米区域为 2 月中旬至 4 月上中旬。充足的光照、适宜的温度、良好的湿度、肥沃的土壤、微小风力以及合理的施肥、灌水、修剪等有利于树体营养积累的内外环境及栽培措施均能促进花芽分化。

三、枝蔓

红阳猕猴桃的枝蔓生长势强，嫩枝青绿色，薄被灰色茸毛，易脱落。成熟的一年生枝黄褐色，多年生枝红褐色，枝干皮孔长椭圆形，灰白色，光滑无毛。

四、叶

红阳猕猴桃叶为心脏形，叶柄长 6～7cm，叶片长 18～20cm，宽 14～19cm，叶色浓绿，叶背脉凸明显，叶背被灰白色茸毛，叶缘浅锯齿，无芒。

五、花

红阳猕猴桃的花为单性花，腋生。花蕾较大，花冠乳白色，花瓣 6 片，花冠直径 3.8～4cm，雌花柱头呈匙形，长 0.5～0.6cm，花柱有 30～35 枚，花丝长 0.6cm；萼片呈三角形，5～6 片；红阳猕猴桃顶花和一级侧花结果良好，部分二级侧花往往在花瓣原基形成期发生败育产生畸形果。

六、果实

红阳猕猴桃果实为浆果。果形短圆柱形，果顶和果基凹陷，果皮绿色，果毛柔软易脱，果皮薄，果肉黄绿色，中轴白色，子房鲜红色，呈放射状图案。果柄长 3.3cm，果实纵径 5.88cm，横径 4.56cm，侧径 4.77cm，平均单果重 68.8g，最大单果重 130g。

第三节　生物学特性

一、生长特性

1. 根系的生长特性

主根不发达，在实生苗长出 6～7 片叶时，开始停止生长，其结构功能逐渐被侧根替代。侧根和须根多而密集，组成发达的根系，须根是主要的吸收根。

根系在土壤中的分布受土壤类型、土壤质地、土壤持水量、地下水位高低、土壤营养和地上枝蔓生长发育强弱的影响而变化。一般水平下，根系集中分布于地表下 20～50cm 深处，在土壤疏松、土层深厚、土壤团粒结构好、腐殖质含量高、土壤湿度适宜的园地，水平根系延伸范围可达地上冠径的 2～3 倍；在瘠薄、地下水位高、质地硬的土壤中，其侧根、须根不发达，根量少，根系小，且分布浅、窄。

根系在土壤温度 8～10℃时开始活动，15～20℃时生长最旺盛，30℃以上时，停止产生新根。根系受伤后，在适宜的温、湿度条件下能迅速产生愈伤组织，并萌发新根或不定芽。根系异形导管发达，早春树液流动后根压大，伤流严重，因此应避免在生长期伤根。根系一年有 3～4 个生长高峰，一是弱生长高峰即伤流期；二是强生长高峰，在新梢迅速生长期后；三是较强生长高峰，在果实迅速膨大期后；四是长时间和缓慢生长高峰，在采果后到落叶前。

2. 枝蔓的生长特性

红阳猕猴桃枝蔓具蔓性生长特性，枝蔓无卷须，枝蔓生长起初直立，随后生长势转弱时按逆时针方向缠绕攀援他物而生长，或相互缠绕向上生长。枝蔓年生长量大，一年生枝蔓可长达 4m 以上，且一年分枝 2～3 次，具有较强的背地性，上位芽萌发抽蔓旺盛。

目前，人工栽培的红阳猕猴桃为"一干、二蔓、八侧蔓"树型，由主干、主蔓、侧蔓（结果母枝）、结果枝和营养枝组成。主干由红阳猕猴桃嫁接苗的接芽向上生长形成，一般高为1.7m；主蔓为两个，是由主干向上延伸生长而形成的多年生枝蔓；侧蔓为结果母枝蔓，是着生在主蔓上且第二年具有抽生结果枝蔓能力的枝蔓；结果枝蔓是着生在侧蔓（结果母枝蔓）上，具有开花结果能力的当年生枝蔓。结果枝蔓按其生长势和枝蔓的长度又可分为长结果枝蔓（50～100cm）、中结果枝蔓（30～50cm）、短结果枝蔓（10～30cm）和超短结果枝蔓（小于10cm，也称丛状结果枝蔓）。营养枝蔓，又称为发育枝蔓，为主蔓上生长的备用替换枝蔓。

红阳猕猴桃的枝蔓一般每年有2个生长高峰。第一个生长高峰在4月中旬至5月中旬，为一年中生长最快的时期，最大日生长量可达8～10cm；第二个生长高峰在7月上旬至9月中旬。新梢的加粗生长几乎与加长生长同步，随着新梢的加长生长同时也加粗生长。但加粗生长主要集中于前期，5月上中旬至下旬加粗生长出现第一高峰，至8月中旬又出现小的加粗生长高峰，之后趋于缓慢加粗，逐步停止。

3. 叶的生长特性

红阳猕猴桃叶片早春萌芽后即开始展叶，其后开始迅速生长，到叶片大小接近成熟叶片总面积的80%～90%时，转入缓慢生长。良好的通透条件下，成熟的叶片从定形到落叶前10天左右，光合作用最强，制造和输出的养分最多。

红阳猕猴桃叶片具有光合作用和呼吸作用，当光合作用大于呼吸作用时，积累养分，并向树体营养生长及果实生长发育供输营养；当呼吸作用消耗物质大于光合作用合成时，消耗所积累的营养，不利于树体的营养生长与生殖生长，树势弱，易早衰，甚至死亡。一般昼夜温差大于10℃以上地区种植红阳猕猴桃更有利于营养积累，树体生长强壮、果实固形物为较高。

红阳猕猴桃叶片可分为功能叶和无效叶。具有营养积累功能的叶叫功能叶，也叫有效叶，主要分布于主蔓、侧蔓和结果母枝蔓通风透光处，这种叶片的光合作用强，制造和向其他器官输出营养多。无效叶主要指尚未成熟定形的幼嫩叶、遮荫叶、病虫害或风等机械伤造成大面积失绿或破损叶以及临近脱落的衰老叶片，这种叶片其光合作用很弱，往往自身养分消耗大于合成积累。

4. 花的生长特性

红阳猕猴桃开花的时间和花期的长短受环境条件影响而变化。一般来说，在原产地四川苍溪 600m 海拔高度果园初花期为 4 月中旬，盛花期 4 月中下旬，尾花期在 4 月底或 5 月上旬，花期一般 6～7 天。健壮而向阳枝蔓的中部花先开，主花先于侧花开，下部花先于上部花开，内部花先于外部花开，架面下荫处枝蔓花开得最晚。

5. 果实的生长发育特性

红阳猕猴桃坐果率高，没有明显的生理落果。

迅速生长期：自 5 月中下旬坐果后至 7 月上旬，50 天左右。本期是果实体积和鲜重增量最大的时期，约占成熟果实体积和重量的 70%～80%，种子白色。

慢速生长及着色期：自 7 月上中旬至 8 月上中旬约 30 天。本期果实增长较慢，果心开始着色，种子由白色渐变为浅褐色。

微弱生长期：自 8 月中下旬至采收，本期果实体积及重量增长均小，但营养物质的浓度提高很快，种子颜色更深，更加饱满。

生理后熟期：果实采收到果实自然软化的阶段，果实体内营养物质充分转化，果实内含物浓度达到最高。

二、结果特性

红阳猕猴桃结果早，属于早果性水果。定植后第一年有 30%～40% 的植株能试花结果，第二、第三年可全部结果，第四年进入盛果期。成年树以春梢结果母枝蔓结果为主，约占 80%，母枝蔓更新能力强。结果枝蔓多着生于结果母枝蔓的中后部，以中、长果枝蔓结果为主，每结果枝蔓可挂果 1～4 个，最多 5 个果，平均 2 个果，且能连续结果，短果枝蔓寿命较短。各类果枝蔓的坐果率均高，生理落果少。成年树一般单株产量 15 ～ 20kg/ 株，每亩（1 公顷 =15 亩，1 亩 ≈ 667 平方米，全书同）产量 1 500 ～ 2 000 kg，每公顷产量为 22 500 ～ 30 000 kg，且产量稳定。

三、主要物候期

伤流期：红阳猕猴桃任何部位受伤后不断流出树液的时期就是红阳猕猴桃的伤流期。一般在早春萌芽前约半个月到萌芽后的一段时间，为期近 2 个月，在四川苍溪约为 2 月上旬至 4 月下旬。

萌芽期：指全树有 5% 的芽的鳞片裂开的时期，露白，一般为 3 月上、中旬。

展叶期：指全树有 5% 的叶开始展开的时期，一般为 3 月下旬。

新梢开始生长期：指全树有 5% 的新梢开始生长的时期，一般为 4 月上旬。

现蕾期：指全树有 5% 的枝蔓基部现蕾的时期，一般为 4 月上旬。

始花期：指全树有 5% 的花朵开放的时期，一般为 4 月上、中旬。

盛花期：指全树有 75% 的花朵开放的时期，一般为 4 月上、中旬。

终花期：指全树有 75% 花朵的花瓣凋落的时期，一般为 4 月下旬。

坐果期：指全树有 50% ～ 95% 花朵的花瓣凋落的时期，一般为 4 月下旬至 5 月上旬。

新梢第一次生长期：指全树有 5% 的新梢开始第一次生长的时期。

一般在 4 月中旬至 5 月下旬。

果实迅速生长期：指果实坐果后开始生长至 75% 果实的体积停止迅速增长的时期，一般为 5 月上中旬坐果后至 7 月上旬。

二次新梢生长期：指全树有 5% 的新梢开始第二次生长的时期，一般在 7 月中旬至 9 月中旬。

果实成熟期：指果实采收后，经后熟，能显现出其固有品质，种子饱满呈深褐色的采收时期，一般为 9 月中旬以后。

落叶期：指全树有 5% ～ 75% 的叶脱落的时期，一般为 12 月中下旬。

休眠期：指全树有 75% 的叶脱落到翌年伤流期开始之间的时期，一般为 12 月下旬至次年 2 月上旬。

四、环境条件对生长发育的影响

红阳猕猴桃与环境是相互联系、相互制约的统一体。红阳猕猴桃作为一个生物个体，外界环境条件满足其需要时，它才能正常生长发育，如果环境中某一种或几种条件发生变化时，它又要逐渐适应新的环境，如果环境条件的变化超过它的适应能力，其生长发育就会受到伤害。

1. 温度

温度是影响红阳猕猴桃生长发育的重要因子之一，温度影响红阳猕猴桃生长发育的进程、地理分布和引种栽培。从综合分析各地红阳猕猴桃产地气温因子得知，在年平均气温 13℃ 以上地区可以正常生长。在年平均气温 15 ～ 18℃，极端最高气温 38.5 ～ 42℃，极端最低气温 -5℃，≥10℃ 积温 4 500 ～ 5 500℃，无霜期 220 ～ 290 天的山区地带生长良好。

红阳猕猴桃芽萌发要求的平均气温相对较稳定，据国内外不同地区的测定，认为红阳猕猴桃与其他中华猕猴桃类一样生物学生长的临界温度是 8℃，如果日平均气温高于 8℃，猕猴桃开始萌动生长。如日平均气温低于 8℃，猕猴桃的生长就会受到影响。

红阳猕猴桃的耐寒性较弱，一般在 -5℃以下就极易遭受冻害而诱发溃疡病，如果温度过低或冬季干旱，又无防寒、防风条件时，枝梢还会出现冻枯现象。

红阳猕猴桃在萌芽后生长初期，最易遭受晚霜冻（即"倒春寒"或"寒流"）的为害，早春的嫩梢遇到 ≤ 1℃的最低温度时，就会受到冻害。如果晚霜使花芽受冻就会影响开花结果和当年的产量。

夏季久晴干旱和高湿的天气，会给红阳猕猴桃的生长和发育带来影响，猕猴桃会出现落叶、落果或枯梢的现象。红阳猕猴桃受高温为害的主要症状是：叶缘及叶尖失水变褐，重者坏死焦枯，果面产生日灼伤，向阳面尤为严重。据中国科学院武汉植物园王彦昌博士观察，夏季气温在 35℃时，果实日灼部位的温度可达 45℃。夏秋的高温和昼夜温差小，会降低果实的品质和风味。

2. 土壤

土壤是红阳猕猴桃生长的基础。红阳猕猴桃生长所需的养分、水分主要取之于土壤，土壤的各种物理、化学性能，直接影响猕猴桃的生长发育。

红阳猕猴桃是肉质根，喜欢土层深厚、肥沃疏松、保水排水良好、腐殖质含量高的砂质壤土。这种土壤具有良好的团粒结构，有利于蓄水、保水、保肥、供肥，因而有利于根系的生长发育。猕猴桃在黏重土壤上生长不良，因为黏土团粒结构差，通气透水性差，根系发育不良。因此，在栽培时，要注意土壤的选择，如果在黏性重、易渍水及干燥瘠薄的土壤上种植，必须认真地进行土壤改良，降低黏性，增加腐殖质和团粒结构，并搞好排灌水。

红阳猕猴桃一般在酸性、微酸性或中性土壤上都能健康生长，且结果良好，一般在 pH 值 5.5 ～ 6.5 范围内生长较好，在 pH 值 7.5 以上的偏碱性土壤上，则出现缺铁黄化的现象。在栽培中，碱性土可用硫酸亚铁（俗称黑矾）改良，酸性过重土可以用石灰、草木灰等调节。

土壤中的矿质营养对红阳猕猴桃生长有直接的影响,据湖北省农业科学院果茶研究所和四川省自然资源研究所调查,适宜猕猴桃生长的土壤有机质含量为3%～17%。红阳猕猴桃生长发育良好的土壤养分平均含量为:有机质3.1%,P_2O_5 0.12%,K_2O_3 3.39%,CaO 0.86%,MgO 0.75%,Fe_2O_3 4.19%,这种土壤中矿质营养丰富,立地条件优越。

在栽培中还要注意通过增施有机肥来调整土壤的团粒结构、腐殖质含量、养分含量以及酸碱度,以创造适宜红阳猕猴桃生长的土壤环境。

3.水分

水分是猕猴桃最基本的组成成分之一。红阳猕猴桃的各种生命活动都必须有水分的参加。水分不足或过多,都会对猕猴桃的生长发育产生影响。

红阳猕猴桃根系浅,肉质根,骨干根少,侧根、须根发达,它的肉质根,根皮层厚的结构和嫩而脆的特性,对土壤缺氧反应敏感。如土壤积水,根皮易变黑褐色而腐烂,使养分吸收停止,会导致全株死亡。因此,它是耐涝性最弱的树种之一,这一点与桃树相似,红阳猕猴桃积水1天,有40%的植株死亡,积水8天则全部死亡,可见土壤积水比干旱的威胁更大。另外,在猕猴桃的花期遇低温多雨天气,对授粉、受精和坐果不利,易发生病害而影响当年产量。

红阳猕猴桃的地上部枝叶生长旺盛,叶片大,角质层较薄,且其根、主干木质部的导管都较粗大,水分蒸发量大,这些特性决定了红阳猕猴桃是一种生理耐旱性弱的树种,它对土壤水分和空气湿度要求比较严格。特别是幼苗期要求荫湿的环境,需要适当遮阳和经常保持土壤的湿润,以避免幼苗的枯死。在山脊、山顶干燥瘠薄的阳坡红阳猕猴桃多生长不良。在干旱、缺水的高温的情况下,红阳猕猴桃表现叶小、黄化,新梢生长缓慢或停长早,叶片凋萎或叶缘焦枯,大量落叶、落果,严重时可能引起全株枯死。在生长季节,高温、干旱是为害生长发育的两个主要因素。在预防高温、干旱的农业措施中多以灌溉和园地覆盖为主,通过及时合理的灌溉和土壤覆盖可以间接降低气温，减轻高温的为害，保持土壤水分。

红阳猕猴桃在年降雨1 100mm左右，空气相对湿度在70%～80%的环境下，生长发育良好。

4．光照

红阳猕猴桃对光照的要求随树龄不同而不同。幼苗期喜荫凉，忌强光直射，小苗极易受光害致死，故需遮阳。成年植株则比较喜光，在良好的光照条件下，树势健壮，开花结果良好。如果荫蔽，枝条生长不充实，下部枝易枯死，光照不足，结果少，果实小，品质差。成年的红阳猕猴桃也忌强光曝晒，强光直射伴随高温干旱，对其生长尤其不利，常导致叶缘枯焦，果实严重日灼，影响产量和品质。日灼果实伤部凹陷皱缩，易脱落。采收后的日灼果易腐烂变质，影响食用价值。在自然状态下，红阳猕猴桃为了争取阳光，枝蔓攀缘群落中其他树木而达树冠顶端。据中国科学院武汉植物园调查，红阳猕猴桃喜欢的日照率（即株间光照强度/自然光照强度）以40%～45%为宜，猕猴桃在自然分布区的年日照时数为1 300～2 600h，一般就能满足其生长发育对光照的要求。

由于猕猴桃的喜光性，在整形修剪和夏季管理中，应特别注意枝蔓受光面的均衡和及时更新复壮。

5．风

风是影响红阳猕猴桃生长的因素之一。温和的风能调节大气的温湿度，有利猕猴桃的生长发育，而强风则易使枝断架垮，强热风更不利猕猴桃生长发育。春季新梢组织幼嫩，叶片大而薄，风易使嫩梢折断，新叶撕破。在五月麦收前后常有干热风出现，此时恰是果实膨大和新梢迅速生长期即通常所说的需水临界期，此时大的热气流使树体蒸发量大增，此时如果没有喷灌、覆盖设施，会造成土壤供水不足，使叶片边缘焦枯变褐色，严重时全叶枯焦脱落。夏、秋大风易撕破叶片，磨伤未套袋的果实，影响产量和品质。冬季遇寒风低温，可使枝蔓抽干、枯芽，诱发溃疡病，影响来年产量。在花期遇大风，花柱头易干枯，花器易破碎，花期缩短，影响授粉、受精甚至坐不住果。花期遇和风晴天，有利传粉、受精，有利提高坐果率。

6.坡向

坡向对红阳猕猴桃有一定的影响。据调查，南坡日照强，日照时数也长，温度较高，物候期开始时，蒸发量大，易遭干旱、霜冻和日灼之害，土壤多瘠薄，则不太适合种植红阳猕猴桃；北坡气温较低，日照较弱且时间也短，湿度较大，蒸发量低，物候期较短，土壤较肥，也不是红阳种植最佳坡向；东、西坡向介于南、北坡向之间，一般以半阴坡较多，种植红阳猕猴桃倒生长旺盛、结果较多。

7.海拔

一般纬度向北推进1℃，气温下降0.7℃；海拔每升高100m，气温下降0.5℃。因此，在偏北地区，如海拔过高，则积温不足，生长期短，红阳猕猴桃的生长发育受到影响，果实不能正常成熟，品质差且易受冻害，无经济栽培意义。

据调查，目前，我国在海拔200～1 600m处都有引种栽培红阳猕猴桃的成功案例，但以海拔600～800m种植的红阳猕猴桃树势最健，产量最高，品质最好。

8.植被

植被与红阳猕猴桃的生长发育有密切的关系。植被与猕猴桃是适地、适生的共同体，所以植被既是猕猴桃的指示植物，又影响气象因素和调节气候，还是猕猴桃攀缘生长的自然支架。在现已成年的红阳猕猴桃的种植区内，能与其伴生的植物种类繁多，一般灌木种类最多，草本次之，乔木最少。乔木主要有：马尾松、黄山松、枫树、椿树、杉树、板栗、合欢、油桐、楝树等；主要灌木（和小乔木）有：苦李、毛桃、映山红、棠梨、木瓜、野樱桃、五倍子、胡枝子、黄荆、马桑、葛藤、女真、荆条等；主要的草木植被有：蕨类、茅草、野苎麻、草莓、野百合、金鸡菊、羊胡子草、鱼腥草、苔藓等。了解红阳猕猴桃的伴生植被及其生态环境，可为栽培提供参考。

第二章 苗木培育

第一节 常规嫁接苗木培育

一、苗圃地选择

苗圃地应选择交通便利、气候温和、靠近水源、土质肥沃,且无检疫性病虫害的砂壤地。苗圃要靠近主干道公路,有宽度 3.5m 以上的公路通达苗圃,便于苗木运输;苗圃附近 10 000m 范围内有大于 10 000m³ 容量的塘堰或水库,苗圃地周边有排水沟渠,排灌设施要齐全;土壤 pH 值 5.5 ~ 7.0,土壤有机质 2% 以上,全氮、有效磷、有效钾含量分别达到 60 ~ 110mg/kg、50 ~ 80mg/kg、60 ~ 80mg/kg;地下水位 1.5m 以下。同时还要求圃地所在地气候温和,阳光充足,空气、水源、土壤、人文等环境无污染,土地平整,劳动力资源丰富等。

二、砧木苗培育

1. 种子采集

红阳猕猴桃的砧木一般选用美味猕猴桃类。将充分成熟的野生美味猕猴桃果采回后,放在阴凉处

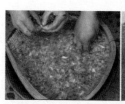

软熟后剥除果皮,装在干净纱布袋中搓洗,洗去果肉,去除杂质,只留种子。将种子在荫处摊放晾干,用塑料袋封装后在 4 ~ 5℃ 低温下贮藏备用。注意猕猴桃种子切忌太阳下暴晒,否则会失去生命力而不能萌发。

2. 沙藏

播种前一个半月左右(苍溪一般在 12 月下旬),将干藏好的种子

取出用 50～70℃热水浸 1～2h，再在凉水里浸 1～3 天，捞出后用 10～15 倍的湿润河沙拌匀进行层积处理。每隔一周翻动一次，并保持河沙湿度为手捏成团松手即散。沙藏中要注意防止鼠害、虫害、霉变影响种子。

3. 播种

2 月上旬立春时播种。选择光照充足、土壤肥沃疏松、排灌方便、呈微酸性或中性的砂壤土做苗床，整畦前施足基肥和杀虫剂。深翻耙细整平做厢，为防水渍需做高厢。将沙藏好的种子带沙均匀撒在苗圃上，盖一层厚 2～3mm 的细土，盖上一层稻草，最后盖上塑料薄膜。

4. 浇水

苗床需长期保持湿润，晴天早、晚各喷水一次，为防止土壤板结和冲出种子，喷水应做到勤、细、匀。播后 20 天左右，即有部分种子拱土出苗，这时需将塑料薄膜拱起来做成小拱棚，晴天中午揭开两头通风。当有 80% 出苗时，逐渐揭去塑料薄膜。

5. 移栽苗圃地的准备

移栽苗圃地的要求与播种苗床一致。整地做厢，厢面高于沟 50cm，宽 60～80cm。苗床需做 50cm 以上深的沟，以防夏季渍涝，根系受害。

6. 间苗

幼苗出土后，一般过密，为保证苗齐苗壮，2～3 片真叶时适当间苗，去弱留壮、除病留强、除歪留正。

7. 移栽及栽后管理

苗长到 4～5 片真叶时即可选择阴天或小雨天带土移栽，株行距 10cm×20cm。猕猴桃幼苗细弱，移栽后需要防晒、防旱、防雨水冲刷，在晴天、白天、大雨天用遮阳网遮盖，夜晚、阴天、小雨天揭开遮阳网。当幼苗长出 5 ～ 6 片真叶时即可逐步撤去遮阳网。移栽一月后，每隔 15 天左右喷施 0.1% ～ 0.3% 尿素加 0.1% ～ 0.3% 磷酸二氢钾水，促进幼苗生长。苗高 15 ～ 25cm 或 10 ～ 15 片真叶时摘心，并及时抹去腋芽，促使幼苗增粗，以便嫁接。

8. 病虫害防治

猕猴桃幼苗期易遭受立枯病、蝼蛄和地老虎的侵害。立枯病：受害幼苗的基部初呈水渍状，以后逐渐加深，后变黑缢缩腐烂，上部叶片萎蔫逐渐全株枯死。可结合喷水喷施 2 ～ 3 次 50% 多菌灵 1 000 倍液或 50% 甲基托布津 1 000 倍液防治。蝼蛄：幼虫昼伏夜出，啃食嫩叶咬断茎干，使幼苗枯死，可用 10:1 炒熟麸皮拌敌百虫粉剂撒于植株周围或灯光诱杀。地老虎：3 龄后幼虫昼伏夜出咬断幼苗茎干，造成苗木缺损，

可在清晨人工捕杀，也可结合喷水喷施 1% 敌百虫液或用菜叶拌 1% 敌百虫液撒于苗圃内诱杀。

三、嫁接苗培育

红阳猕猴桃嫁接苗的培育，重点要注意砧木和品种接穗的亲和性是否良好。一般经验认为，美味猕猴桃作为实生砧木比较好，亲和力好、抗性强、生长势旺。砧木选定标准是生长健壮无病虫害，须根发达，出土面（青黄交接处）直径达到 0.7cm；接穗一定要选红阳猕猴桃优良单株的枝条，且枝条生长健壮、无病虫害。

1. 嫁接的时期

砧木苗秋季落叶后至次年立春前 10 天。

2. 嫁接方法

可采取切接法和舌接法。嫁接技术要领可归纳为平、准、严、紧、快 5 个字，即砧木、接穗削面要平滑，砧穗二者形成层要对准，接口要包严绑紧，整个动作要迅速。

（1）切接：将砧木在离地面 5～10cm 光滑处横向剪断，选一平滑面，垂直于砧木断面纵切一刀，长度 2～2.5cm，切口位置在砧木韧皮部与木质部交界处的形成层处。将接穗剪留 1 个芽，上端剪口距芽 0.5cm，下端剪口距芽 4～5cm，然后将接穗下端削成斜面长 2.5cm 楔形。接穗靠砧木一面为长斜面，要削成  2～2.5cm 平滑面（其略长于砧木的削面，以利砧穗贴紧），另一面为短斜面削成与接穗成 30 度角即可。将削好的接穗插入砧木切口，将接穗长斜面与砧木削面对准，用农膜切成的宽度为 2～3cm 塑料条分别将所有伤面包严绑紧，包括接穗的上端。接穗上端剪口也用塑料条绑扎严实，防止水分散失。

这种嫁接方法的优点为操作简便，速度快，愈合好，成活率高，萌芽快，接口牢固，遇风不易从嫁接口折断。本方法除培育嫁接苗木外也广泛用于大树高接换种。

（2）舌接：将砧木和接穗分别按上述切接法要求剪断，在砧木的剪口和接穗的剪口光滑处分别削出倾斜 15°～20°，长  2～3cm 斜面，在距斜面尖端约 1/3 处，接穗、砧平行，纵切深度约 1cm 切口，将砧木和接穗的这两个切口对接严密，一边或两边形成层对准；用宽度为 2～3 cm 的农膜塑料条分别将所有伤面包严绑紧，包括接穗上端。接穗上端剪口也用塑料条绑扎严实，防止水分散失。

3. 嫁接苗管理

红阳猕猴桃嫁接苗管理工作主要有检查成活、补接、除砧芽、摘心、立柱、绑茎干、锄草、灌水、施肥、植保等。

检查成活：嫁接后 20 ～ 30 天检查。如接芽或接枝皮色正常新鲜，伤口愈合，即已成活。对没有成活的要作标记，以便于补接。

补接：对所有未成活的适时补接，可以选用嫁接时预先留的接芽补接，没有预留接芽的，要选留一个砧上萌芽让其生长，其余萌芽去除，待第一次新梢停长后取红阳猕猴桃绿枝进行补接，方法同前。

除萌：除去砧木上发出的所有萌蘖，确保嫁接苗正常生长。

插棍或拉铅丝绑扶：接芽萌发后，要及时插木棍或用铅丝等材料牵引枝蔓，注意牵引时不能伤及枝蔓，多用"8"字形牵引、绑缚。

摘心：嫁接苗高 40 cm 左右时摘心，促进增粗生长。

肥水及苗地管理：保持苗圃地面清洁无杂草；每隔 15 ～ 20 天用无害化处理后的清粪水或 0.1% ～ 0.3% 尿素加 0.1% ～ 0.3% 磷酸二氢钾液进行提苗促壮。

病虫防治：参照实生苗。

遮阳防晒：嫁接苗萌发后，要及时用遮阳网遮阳，防止太阳将苗木晒伤、晒死。

第二节　组织培养繁殖苗木

一、良种母本园的建设

建设红阳猕猴桃良种母本园，将检验检疫合格的红阳猕猴桃良种单株种植保存在新建立的良种母本园内，作为无毒快速繁殖体系建立提供外植体。按照每亩 110 株，株行距 2m×3m，"T"形架整形修剪。雌雄株 8:1 配比。

二、实生苗砧木的培育

1. 种子的采集和贮存

10 月中旬以后，当野生美味猕猴桃果实成熟时采收，在常温下后熟使其变软，将种子从果肉中分离，洗净阴干，装入纱布袋中，置于干燥处保存备用。

2. 种子层积处理

在实验室中，用 5% 的次氯酸钠浸泡种子 5 分钟，冲洗；放置两层滤纸在 9cm 的培养皿，种子置于滤纸上；配置 1 000mg/kg 浓度的克菌丹溶液（1g 克菌丹配 1L 水），添加该溶液到盛有种子的培养皿保持种子湿润；将密封的培养皿放在冰箱 1～4℃冷藏 3 周半至 4 周。冷藏后种子要求以 5℃ 16 小时，24℃ 8 小时的变温处理 10～14 天。

3. 播　种

在智能温室中，将混匀的种子和营养混合物放在种子盘（35cm×30cm）中，均匀地呈层状撒播在种子盘的表面（约 1 500 粒或 2g 干种子），筛一层薄的营养混合物覆盖；放置在一个盛有 1ml/2.5L 氯唑灵溶液的盆里，直到混合物完全浸透，置于温度 20～25℃ 的热床上；5 天后种子盘需要被重新湿润一次。萌发大约要 10 天，但是各个体有差异。浇水使用 1ml/2.5L 氯唑灵溶液，在冬天每周仅需要浇水 1

次或 2 次，在夏天根据情况要适当增加浇水次数。在种子萌发期间温度是重要的影响因子之一，最适合萌芽的温度是 23℃。

4．幼苗培育

在智能温室中，幼苗萌发需要 4 周左右。当幼嫩的种苗长出第一片真叶时，从种子盘里取出萌发的种苗，移栽到繁殖盘，并喷施氯唑灵溶液。种苗在经过大约 4 周生长之后就可以进行露地移栽了。

5．移栽

在砧木园中，将营养土填满营养钵（5cm×5cm），在营养土中挖一小孔确保能放下种苗，从繁殖盘底部取出种苗，把种苗放置在预留的小孔中，并压紧压实种苗周围的营养土。生长 3 周后，及时立支撑物，以保证幼苗向上生长（常用竹竿）。

三、无毒良种接穗的生产

1．外植体的选择

对良种母本园中种植的红阳猕猴桃进行园艺学观察，选择园艺学性状符合推广要求的品种作为快繁体系外植体来源；选择良种母本园中健康无病虫害植株当年生枝条茎段作为外植体进行快速繁育研究。

2．外植体消毒技术

取健壮的一年生带芽枝条，在 4℃低温下保存 24 小时，用自来水加洗衣粉洗 2 次，流水下冲洗 2 小时，用 75% 酒精浸泡 10～15 秒，再用 $0.1\%HgCl_2$ 浸泡 6～8 分钟，加入 1～2 滴吐温 -80，用无菌水清洗 5 次。

3．茎段增殖培养

带皮茎段离体培养：诱导培养基 MS+BA 4.0mg/L+IAA 4.0mg/L，分化培养基 MS+BA 2.0mg/L+NAA 0.3mg/L。增殖培养基 MS+BA 2.0mg/L+NAA 0.4 mg/L+GA 30.1 mg/L，以获得增殖大量的侧芽；生根培养：切取培养所得侧芽中健壮芽转到生根培养基中培养，生根培养基 1/2MS+NAA0.2mg/L，观察生根情况。培养室培养条件为温度

（25±28）℃，光周期（光照／黑暗）16h／8h，光强 2 000～3 000 lx，培养瓶、试管用封口膜密封，pH 值 5.8。

4.炼苗、移栽

待生根后，健壮的生根苗移栽前，在培养室内打开封口膜，使生根苗在瓶内适应一周，即炼苗一周。炼苗后取出生根苗，用清水洗净培养基，移到移栽基质中（移栽基质为蛭石 25%＋珍珠岩 25%＋河沙 20%＋大田土 30%），并置于智能温室大棚中，遮阳，保持土壤湿润，温度 25℃左右，空气湿度 95% 以上。移苗后管理按常规管理进行，重点注意温室中光、温、水的管理。

5.建立防虫网室无毒母本采穗圃

将组织培养生产的无毒组培苗移栽至网室无毒母本采穗圃，让其在网室中生长一年，待植株枝条生长健壮，达到生产接穗的要求后，开始提供无毒良种接穗。

6.采穗圃更换

为了保证采穗质量，防范病毒及危险性病害的感染，无病毒采穗圃采取每 2 年更换一次的措施。

四、嫁接苗的繁殖

猕猴桃的嫁接方法有枝切接、芽接、单芽枝腹接，其中，尤以单芽枝腹接成活率最高，可达 90% 以上，是生产上广泛采用的一种嫁接方法。

1.接穗的采集与保存

在网室无毒母本采穗圃中采接穗。嫁接用的接穗，一般随采随用；如果暂时不用可以按照品种、雌雄枝条分别打成小捆，挂上标签，置于冰箱冷藏柜中备用。

2.嫁接时期

春季嫁接应在猕猴桃发芽前进行，即 2 月中下旬。夏秋季嫁接在 5—9 月均可。伤流期嫁接成活率也高。

3. 砧木的选择

选择根系发达、无病虫害、生长健壮、茎径达 0.5cm 以上的美味猕猴桃实生苗。

4. 嫁接方法

选择具有一个芽的接穗，上部剪口距芽 1.5cm，下部剪口距芽 2cm 左右。刀口向芽的对面斜削 45°，在芽的对应面削一个平面，微见木质部，在砧木上也削一个与接穗几乎相等的一个平面，微见木质部，两者削好后将接穗插入砧木的切口中，对好形成层，然后将砧穗用塑料薄膜绑紧、绑实，芽眼露出。

5. 嫁接苗的管理

在露地苗圃中，嫁接后注意及时抹除砧木上的蘖芽，当新梢木质化后解去绑带。如果是秋季嫁接，待次年开春，芽成活后，剪去接芽上部的砧木。春季嫁接，接好后即可剪去接芽上部的砧木。猕猴桃嫁接成活的接芽，经剪砧后很快萌发，抽出肥嫩的新梢，其生长迅速，若不用支柱扶持，极易被风吹折断，因此，要用竹竿、树枝等插在芽对面，接芽萌发后用草绳套呈"8"字形，把新梢绑在支柱上。此外接芽萌发的新梢春、夏、秋季均可迅速生长，为此嫁接苗应及时摘心。这样有利于嫁接苗生长粗壮，分枝充实，腋芽饱满，达到早上架、早结果的目的。嫁接后肥水充足，及时松绑、摘心，当年就可分 2～3 次梢，最高可生长 5～6 m，枝条生长充实，嫁接后第二年 50% 以上的嫁接苗都能开花、结果。

第三节　苗木出圃和调运

一、出圃苗木规格

红阳猕猴桃嫁接苗木出圃规格要求参照"中华人民共和国猕猴桃苗木标准"中"当年生嫁接苗"和"低位嫁接当年生嫁接苗"标准执行，见下表。

表　红阳猕猴桃嫁接出圃苗木规格

项　目	级　别		
	一级	二级	三级
品种砧木	纯正	纯正	纯正
侧根数量	4 条以上	4 条以上	4 条以上
侧根基部粗度	0.4 cm 以上	0.3 cm 以上	0.3 cm 以上
侧根长度	全根，且当年生根系长度最低不能低于 20 cm		
侧根分布	均匀分布，舒展，不弯曲盘绕		
嫁接苗高度	40 cm 以上	30 cm 以上	20 cm 以上
嫁接口上 3 cm 处茎干粗度	0.7 cm 以上	0.6 cm 以上	0.5 cm 以上
饱满芽数	5 个以上	4 个以上	3 个以上
根皮与茎皮	无干缩皱皮	无新损伤处	陈旧损伤面积 <1.00 cm

二、苗木出圃病虫害检疫要求

出圃红阳猕猴桃苗木不得有以下病虫：

（1）根结线虫：北方根结线虫和南方花生根结线虫。

（2）蚧壳虫：狭口炎盾蚧，也称贪食圆蚧、绵粉蚧、柿圆蚧、草履蚧等。

（3）根腐病：疫霉菌类根腐病、蜜环菌类根腐病等。

（4）溃疡病：丁香假单胞杆菌猕猴桃溃疡病致病菌变种。

（5）病毒病：花叶病毒和褪绿叶斑病毒。

（6）丛枝茵类菌原体。

三、苗木出圃检测方法

同一批苗统一检测。检测方法如下：

（1）检验砧木类型或猕猴桃品种：根据砧木或红阳猕猴桃品种的植物学特征进行。

（2）测量老损伤：用透明薄膜覆盖伤口绘出面积，再复印到坐标纸上计算总面积。

（3）测量粗度和长度：测量侧根粗度和苗干粗度用游标卡尺，测量侧根长度、苗木长度和苗干高度用钢卷尺。

（4）病虫害检验方法：① 根结线虫：根部有不规则膨大结节，数量和大小不一，颜色同健康根相近。在解剖镜下解剖结节可看到半透明状线虫体。② 蚧壳虫：在苗干和枝蔓上附着有被白色蜡粉的褐色或黑色蚧壳虫体，目检。③ 根腐病（疫霉菌类根腐病、蜜环菌类根腐病等）：根颈部，乃至整个根系呈水浸状病斑，褐色，腐烂后有酒糟味，目检。④ 溃疡病：苗干部有溃烂，伴有白色至铁锈色汁液流出，或溃烂后留下的干疤，有纵裂痕，纵裂两侧韧皮部木栓化，并加厚。⑤ 病毒病（花叶病毒、褪绿叶斑病毒）：叶部有明显病斑。⑥ 丛枝菌（类菌原体）：枝蔓丛生，芽节间很短。

四、苗木出圃检测规则

苗木出圃检测规则如下：

（1）检验苗木限在苗圃进行。

（2）检验苗木质量与数量：采用随机抽样法。999 株及以下抽样

10%，1 000 株及以上，在 999 株及以下抽样 10% 的基础上，对其余株数再抽样 2%。即 999 株及以下抽样数 = 具体株数 × 10%，1 000 株及以上抽样数 = 999 株及以下抽样数 +[（具体株数 −999 株）× 2%]，计算到小数点后 2 位数，四舍五入取整数。

五、起苗、包装、保管和运输

起苗时间应根据定植苗木的时间而定，猕猴桃栽苗期一般是在春季（2 月下旬至 3 月中旬），秋季（9 月下旬至 11 月上旬），这两个时期是集中起苗的时期。

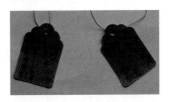

挖苗前几天应作好准备，对苗木挂牌，表明品种、雌雄株、砧木类型、来源、苗龄等。若土壤过于干燥，应提前 3 天充分灌水，以免起苗时损伤过多须根，待土壤稍疏松干爽后即可起苗。起苗可不带土，起苗后修剪掉烂根，短切嫁接苗接穗发出的新梢，然后 50 株一把捆成捆，经当地植物检疫部门检疫并取得检疫证书后即可起运。

猕猴桃苗起苗后如果不能及时定植和调运，要选一个背风、向阳、地势高处，挖一条假植沟进行假植处理。假植沟宽 50 ～ 80cm，沟深 50cm 左右，沟长根据苗木数量和土地条件确定，可长可短。如果需要挖 2 条以上假植沟，沟间距离应在 100cm 以上。沟底铺湿沙或湿润细土 10cm 厚，将雌、雄品种做好明显标志。将集中捆绑的猕猴桃苗拆散均匀地斜立于假植沟内，填入湿沙或湿润细土，使苗根、茎干与沙土密切接触，地表填土呈堆形，苗木苗梢外露 2 ～ 10cm 左右。同时在假植沟四周挖排水沟，以确保苗木不受湿害。如果在室内保管苗木，方法基本相同。假植中一定要保证苗根、茎杆与沙土密切接触，苗木苗梢外露 2 ～ 10cm 左右，同时注意室内的通风换气。

苗木在运输途中，严防日晒、雨淋、风吹，注意遮阳，在温度高的天气，应在晚间运输。总之应快装、快运以最短的时间到达目的地。抓紧定植，可以取得较理想的效果。

第三章　建园技术
第一节　果园建设

一、园地选择

红阳猕猴桃建园选地要充分考虑立地气候、土壤质地、环境条件。

1. 红阳猕猴桃园地选择对气候条件的要求

红阳猕猴桃生产种植园所在地区的气候条件应达到如下要求：年平均气温 13 ~ 17℃，极端最高气温不超过 42℃，极端最低气温不低于 -7℃，≥ 10℃年有效积温为 4 500 ~ 5 500℃。

2. 红阳猕猴桃园地选择对环境条件的要求

无霜期 220 ~ 290 天，日照时数 1 300 ~ 2 600 h，自然光照时间 ≤ 45%，周年无 6 级以上大风，年降水量 1 100 mm 左右，空气相对湿度 70% 以上。

3. 猕猴桃园地选择对土壤条件的要求

红阳猕猴桃建园以土壤中性至微酸性（pH 值为 5.5 ~ 6.8），土层深厚、土质疏松、土壤肥沃、富含有机质、地势较高、能灌能排、地下水位 1m 以下、交通方便的地方建园为宜，最好在生态适应区向山区和丘陵地发展。在山区丘陵选择园址，为避免强光直射，以选西南坡地为宜，坡度应小于 15°。

二、果园规划

1. 小区设计

红阳猕猴桃种植小区划分主要考虑以下因素，一是同一种植小区内土壤气候光照条件大体一致；二是小区划分要有利于猕猴桃园土壤的水土保持；三是小区划分要有利于猕猴桃园的肥料、果品运输和园地管理机械化操作等主要农事操作。

地势平坦开阔的地区，适宜建设大型猕猴桃果园，可以按 100～150 亩为一小区标准进行划分；在地形较为复杂、地势起伏不大，一般坡度不大于 10° 地区，可以按 50～90 亩为一小区标准进行划分；在地势起伏较大，坡度为 10°～20° 的地区，可以按 30～40 亩为一小区标准进行划分。在丘陵、山地，小区面积可缩小到 10～20 亩为一小区。

小区的形状一般为长方形，以便于使用机耕农具或机械沿长边进行耕作，以减少调头次数，提高工作效率。地势平坦开阔的小区长边，要与有害风向垂直；在地形较为复杂、地势起伏大的山地的小区长边，须与等高线平行，这样才有利于土壤耕作和排灌，有利于保持小区内土壤气候条件的相对一致，有利于减少土壤冲刷，保持水土。

2. 道路设计

建立大型猕猴桃果园时，须考虑道路和果园建筑。园区基地要选在交通干线、支线附近，直通国道或地方的交通主干道水泥或柏油路。果园内道路由主路、干路和支路组成路网，设置为三级。一级路，即园内主路，要求路宽 5m，一般设置为绕园路，与园外交通干线和园内干路相联结。二级路，即园内干路，一般要求宽度达到 3.5m 以上，上接园内主路，下接园内支路（操作道），要便于中、小型农用机械通行。

三级路，即果园支路（操作道），宽 2.2m，重点用于小型耕整机、施药机械、叉车运果运肥通行，支路（操作道）在果园水系规划中通常又与排水沟结合运用，一般情况下作为道路，雨季兼作排洪渠。

3. 水系规划设计

一是排水系统，猕猴桃果园一般设计为明沟排水。方法是在地面上掘明沟，排除地表径流。明沟深度为 70～150mm，也兼有排过

高地下水的作用。红阳猕猴桃园的排水系统均按自然水路网的走势，由集水的等高和总排水沟组成。排水沟的比降一般为0.3%～0.5%。总排水沟应设立在集水线上，它的方向与等高线成正交或斜交。在采取等高沟壕进行水土保持时，集水沟应与壕的行向一致。果树行间排水沟的比降朝向支沟，支沟朝向干沟，沟与沟相结合的地方顺序的取弧线，忌直角相交，因为直角相交，泥沙易阻塞，并且影响水流速度。二是灌溉系统，红阳猕猴桃果园应该实施全自动土壤湿度检测和自动化喷灌系统，并尽可能做到灌溉系统能够兼具施肥用。

设置自动化喷灌系统时要尽量做到两点，一是要使用微喷；二是微喷头距离果园地面高度要小于1m。

4. 防护林的配置

红阳猕猴桃抗风力弱，因此果园建设时要配套建设防护林。防护林一般设置主林带和副林带。迎风坡林带密，背风坡林带稀，并与果园沟、渠、道路、水土保持工程相结合进行具体设计。考虑山岭风常与山谷主沟方向一致，主体带不宜横跨谷地的特点，主林带设计上与谷向呈30°的夹角，并使谷地下部防风林稍偏于谷口，谷地下部采用透风结构林带，以利冷空气排出。同时设置副林带，与主林带相垂直，其作用是辅助主林带阻拦由其他方向来的有害风，以便加强主林带的防护作用。主林带间的距离按200～300m。

副林带的带距500～800m。林带与末行果树的距离，在充分利用

土地的原则下，考虑到为机械作业留有回旋余地，防止林带遮阳和林果串根等。设置南面林带距末行果树距离为 10m，北面距离为 8m，与果园之间用 1m 深的沟隔开，防止防风林带树根系向果园内延伸生长而影响猕猴桃生长。防风林带需定植 2 行以上，要乔、灌木结合，乔木与灌木之比为 2:1，防护林乔木树种一般为水杉，灌木树种多选用黄杨，因水杉长势快，三年内能达到防护效果，冬季落叶利于果园管理和树体采光，黄杨不但长势快而且具有观赏性。

5. 果园建筑

果园建筑主要为办公室、工人休息室、工具房、分级包装厂、果库、养殖场、瞭望厅、配药池、粪池

等。设施有喷灌、微灌设施及供水供电设施等，设计规模和建设水平可根据猕猴桃园大小和投资力度而确定。

三、改土建园

1. 平整土地

以规划小区为作业单位，沿水流方向将现有田坎用推土机推成平地或小于 15° 的斜坡，并按水系和道路系统规划

要求做好道路和水渠。

2. 改土方法

实施全园性机械深翻改土方式。

（1）按每亩园地 3 000kg 作物秸秆、杂草和 2 000kg 农家肥（圈肥、堆肥等）及过磷酸钙 500kg 准备肥料。

（2）将准备的肥料（过磷酸钙必须与

农家肥堆沤发酵 60 天以上）均匀撒在地面上进行全面机械（挖掘机）深翻改土，全园翻挖 80 ～ 100cm 深，肥料翻挖在土壤中层和底层。

（3）沿南北方向或小区长边，按 36m 放线确定大定植厢，间隔 0.5m，再放一条 2.2m 支路（操作道），再间隔 0.5m 后，又按 36m 放线确定大定植厢，以此类推。详见图 3-1。

猕猴桃种植大厢宽 36m，共 6 小厢，按株距 2m× 行距 3m 定植，即每大厢种植猕猴桃为 12 行	排水沟宽 0.5m 深 0.8m	操作道宽 2.2m	排水沟宽 0.5m 深 0.8m	猕猴桃种植大厢宽 36m，共 6 小厢，按株距 2m× 行距 3m 定植，即每大厢种植猕猴桃为 12 行

图 3-1　猕猴桃定植厢示意

要求：先将猕猴桃种植大厢用旋耕机整平，再按 6m 距离放线，将大厢分为 6 个猕猴桃定植小厢。以放线为中心，按宽 0.3m、深 0.7m 开排水沟。猕猴桃种植厢必须高于主路、干路和支路（操作道）80cm，以利于排水和保持园地较低地下水位。

3. 搭架

红阳猕猴桃架式以五线棚架为主，也可根据地形合理使用"T"形架。五线棚架是针对红阳猕猴桃的生物特性，强调机械化的新式棚架。优点是果实受光基本一致、着色均匀、大小均匀，阴阳果和日灼伤果极少，棚下不长草，架体牢固；缺点是投资大。

"T"形架的优点是投资少，通风好病虫害少，受光面积大，产量高；缺点是果实受光不均匀、着色不均匀、大小不均匀，阴阳果和日灼伤果较多，棚下长草，架体牢固性差。下面重点介绍五线棚架。

（1）材料准备：① 水泥杆：长 × 宽 × 高 =260cm × 10 cm × 10 cm（预应力钢筋混凝土浇铸，钢筋规格 Φ8mm，每杆 4 根钢筋，5 道箍筋，预埋纵横穿线胶管 Φ10mm，设计使用寿命 50 年以上）。② 钢铰线：主线 Φ3.5mm，副线 Φ2.8mm（预应热处理镀锌钢铰线，外置高抗 PVC 材料，设计使用寿命 30 年以上）。③ 地锚：钢筋水泥浇铸抗拉力 ≥ 3T 预埋地锚。

（2）搭架方法：① 水泥杆栽植：按顺行向 4m，垂直行向 3m 栽植水泥杆，水泥杆入土深度 50cm，全园直杆。② 按抗拉力 ≥ 3T 设计标准浇铸拉线预埋地锚。③ 沿纵横双向架设 Φ3.5mm 主钢铰线，并用紧线钳 1.5T 拉力固定于预埋地锚之上。④ 根据现行规划设计的猕猴桃园地种植厢 6m，长厢两头将角钢固定于水泥杆上，位置为水泥杆顶向下 9 ～ 17 cm 处。⑤ 沿行向平行方向架设 Φ2.8mm 副线，副线用紧线钳拉紧固定于角钢之上，副线间距 50cm。

第二节 苗木定植和管理

一、苗木定植

定植时间：红阳猕猴桃在当年 10 月至翌年 2 月底均可定植。

定植株行距：株距 2m，行距 3m。

苗木整理：一是用修枝剪把伤根、伤枝剪齐，严重者剪除。二是要解除嫁接口处的绑扎物。三是栽植的田块按照雌：雄 =4：1 的比例搭配雄株。如图 3-2。

图 3-2　猕猴桃定植及雌雄配置

说明：♂—雄株　○—雌株

挖穴做堆：在定植点上直接挖穴做土堆，土堆要做成馒头形，土堆大小依苗木根系长短、多少而定，但土堆必须高于厢面 10cm，才能保证苗木栽后不深不浅。

栽植方法：将苗木根系分开均匀铺放在土堆上，将根系舒展开，使根系倾直，根系放好后，细土填实，切忌有粗土块压根。定植厢无细土，必须客土栽苗。定植后灌足定根水，待水稍干后，

再覆一层细土，并埋一个直径 1m 的定植盘。

树盘覆盖：苗木栽后要注意增温保湿、防冻。秋冬栽植，用塑膜覆盖，春天栽植用稻草或草皮覆盖。

二、定植苗管理

剪干：苗木定植后从嫁接口以上留 2 个饱满芽处剪断，剪口距离选留的芽眼处要有 1cm 高，以保证芽不受剪口失水而损坏。

灌水和排水：新植幼树要防涝防渍，加强排水，清理好果园沟渠，防止园内渍水。常年保持土壤田间相对持水量达到 70% ～ 80%，涝则排，旱则灌，以利幼苗迅速生长。

间作遮阳：苗木定植后的前两年可以在行间（距苗木四周 50cm 远）种植玉米遮阳。红阳猕猴桃幼苗和幼树遮阳可防止幼叶晒伤，缩短缓苗期，促进树体提早抽梢，早成形。

施肥：新植幼树在新梢 20cm 以前禁止施肥。新植幼树的施肥实行少吃多餐，每月施一次，肥料以氮为主，辅以磷、钾，每次每株施尿素 30 ～ 40g，磷酸二氢钾 20 ～ 30g，对水稀释浇灌树盘。

插竿、牵绳：一是对冬春定植的嫁接苗，要用 2.2m 高的竹竿插靠于苗木旁边，对新抽发的梢进行绑扶。二是在后期能上架的幼苗用 2m 高的竹竿插在苗木旁边，对新抽发的梢进行绑蔓。注意绑蔓一定要呈"8"字形绑，防止绑绳伤蔓。

摘心：未计划上架的新梢在 1m 左右摘心，须上架的新梢在生长明显变细出现弯曲处进行摘心。

第四章　果园管理

第一节　土壤管理

一、深翻改土

在前面第三章第二节中已经就新建红阳猕猴桃园改土做了详细介绍，这种方式建立的果园，成年后每年结合秋季施肥，在定植穴外沿挖环状沟，宽度 30～40cm，深度约 40cm，第二年接着上年深翻的边沿，向外扩穴深翻。

对于定植前整地改土不充分，现已进入成年结果的园或过去实施的抽槽式改土模式建立的红阳猕猴桃园，配合每年秋季果园土壤管理和基肥施入，逐年进行株间和行间轮换深翻改土。其具体方法如下：

时间：采果后至落叶前半月（一般为 10 月上旬至 11 月中旬）。这个时期叶片合成的养分大量回流到根系中，促进根系大量发生，形成又一次生长高峰，有利于深翻土壤伤根快速愈合并促发新根。

深翻位置：一般分两年完成，若第一年深翻行间，则第二年就深翻株间。深翻前要求放线，若行间深翻则在两行树中间距离树干基部各 1m 放两条线，深翻两条线之间部分。若株间深翻则在两棵树间（株间）距离树干基部各 0.6m 放两条线，深翻两条线之间部分。

深翻方法：先抽槽，以放的线向树行或株间中心方向，抽 1 个槽，槽长度按种植的具体株行距确定，宽度为两线间，总松土层深度要求为 80cm 以上。并结合深翻施入基肥，在槽内按照每亩施入农家肥 4 000～5 000kg，过磷酸钙 300～500kg（堆沤 2 月以上），翻挖搅拌均匀，然后，将抽槽挖起的熟土全部回填到槽内。

整理沟渠：红阳猕猴桃果园经过一年的沉陷和雨水冲刷，排水沟渠多有所变形，必须依据建园时设计的各类排水沟渠的规格，整理排水沟渠。将整理沟渠时取出的土壤放在定植厢面上，并使定植厢面或植株定植带形成瓦背形，中央高出两边 15cm 左右。

二、清　园

时间：树体自然落叶后至萌芽前（一般为 12 月上中旬至翌年 2 月上旬）。

方法：清除园内枯枝、落叶、落果、杂草并集中烧毁。

土壤消毒：园地普遍浇灌一次波尔多液（按硫酸铜:石灰:水 =1:1:100 配制），减少地面病菌基数，减轻来年病害防治压力。

三、果园间作

1. 幼树间作高秆作物，遮阳

红阳猕猴桃幼树定植后的第一年可于行间间作两行玉米，第二年于行间种植一行玉米。种植玉米要距离猕猴桃树主干 50cm 以外。这样既可以在高温强日照的夏季为幼小的红阳猕猴桃树遮阳，改善果园小气候，减少地表温度变化幅度，又保持水土，减轻水土流失，同时玉米秸秆和根系腐烂后可增加土壤有机质，改善土壤结构，提高土壤肥力。

2. 多年生树间作豆科增加肥力，减少杂草

红阳猕猴桃定植后第三年以及成年红阳猕猴桃园，一般可以在行间间作豆科作物或绿肥，以增加土壤肥力和减少杂草。但要注意以下几点：① 不要种高秆和牵藤作物，以免影响树体通风透光。可种植矮秆豆类作物，如黄豆、绿豆、矮生豇豆、花生等。蔬菜有葱蒜类、茄果类和叶菜类。② 间作物要距猕猴桃主干 50cm 以外，以免造成猕猴桃树周围湿度过大或树干生虫。③ 不能种植十字花科等高耗磷硼作物，以免土壤磷硼消耗过大，导致树干开裂，诱发溃疡病。

3．生草栽培提高肥力，节约劳力

大型红阳猕猴桃种植园也提倡生草栽培方法。就是在果园树间距离树干 50 cm 以外种植叶草、毛叶苕子、扁豆、禾本科燕麦草等。生草加割草覆盖树盘和厢面，既降低果园管理的劳动成本又有利于提高土壤有机质含量和土壤肥力，保护环境，减少风沙和水土流失，净化水质，改善果园温度、湿度、光照等环境条件。

四、园地覆盖

生长季节不进行间作的红阳猕猴桃园可以进行夏季覆盖。覆盖时间一般在夏季高温干旱来临前完成，即 6 月中旬以前进行为好，覆盖物在秋季园随土深翻时结合基肥埋入园土。夏季覆盖的作用主要有两点：一是调节园地小区气候，缓解高温为害，降低土温，抑制杂草生长，减少水土流失，改善猕猴桃根系生长环境。二是有效防止土壤水分蒸发，保持土壤湿度，使土壤的水、肥、气、热处于稳定状态。三是覆草腐烂后能提高土壤有机质含量，增加土壤养分，改善土壤的理化性状。覆草时间一般在夏季高温干旱来临前完成，即 6 月中旬以前进行为好。覆盖厚度 20cm，覆盖材料，如各类秸秆、绿肥、杂草等，覆盖方法因材料多少而定，材料充足的可全园覆盖，材料欠缺的在根尖集中分布区覆盖。覆盖后，应用少量疏松土压住草。

第二节　果园施肥

一、施肥依据

猕猴桃施肥很重要，其决定着树体的早成形、早结果、早丰产、稳产和果实品质的提高。施肥工作做得好，树体生长健壮，生产能力强，抗性强，不容易发生病害，寿命和结果年限长。猕猴桃的枝梢年生长量比较大，大约为地下部分干重增加量的1.8倍，从而对氮、磷、钾等各种营养成分的需求量也大。进入结果期后，一株树的地上部，每年因修剪和采果，消耗掉大量的养分。新西兰猕猴桃研究中心测定的正常结果园因每年修剪和采果所损失的主要营养有：氮196.2g、磷24.49g、钙100.1g、镁25.45g、钾253.1g（表4-1）。通过表4-1可知，每年1亩猕猴桃果园仅春、夏、冬修剪和采果就带走纯氮5.2kg，纯磷0.65kg，纯钾6.5kg，纯钙2.73kg，纯镁0.69kg。因此，如果土壤施肥不能补充这些最低的损失量时，不仅不能使树体恢复到原有的生长状态，更不能让树体有新的生长量和产量。

表4-1　猕猴桃修剪和果实采收所带走的营养

养　分	营养量（g/株）				营养量（kg/公顷）			
	春夏剪	冬剪	采果	合计	春夏剪	冬剪	采果	合计
氮（N）	67.30	62.70	66.20	196.20	28.0	26.0	24.0	78.0
磷（P）	6.81	8.05	9.63	24.49	2.9	3.4	3.5	9.8
钾（K）	80.70	39.70	132.70	253.10	34.0	16.0	48.0	98.0
钙（Ca）	48.30	38.70	131.10	218.10	20.0	16.3	4.7	41.0
镁（Mg）	9.01	10.78	5.66	25.45	3.8	4.6	2.0	10.4

红阳猕猴桃果园的施肥标准，应该建立在最佳红阳猕猴桃生长结果园的土壤和树体全营养分析的基础上，在对最佳生长结果状态的红阳猕猴桃果园的土壤和树体全营养分析后，科学、准确地制定出所要施肥红阳猕猴桃果园的实际土壤、树体分析值的补差施肥种类和施肥量（也就是我们常讲的测土配方施肥）。由于红阳猕猴桃科研机构目前尚未对红阳猕猴桃用肥做出不同土壤和立地条件的施肥补差方案，故

将所收集到的国内外的最佳生态猕猴桃园的土壤分析资料提供给大家，以供制定果园施肥方案时参考，详见表4-2，表4-3和表4-4。

表4-2　新西兰猕猴桃研究中心正常结果园（2 000 kg/亩）土壤速效态矿质营养元素分析　（单位：mg/kg）

样品	N	P	K	Ca（%）	Mg	S	B	Fe	Zn	Mn	Cu
土壤	286.3	91.4	256	0.26	390	147	0.94	72.3	12.8	15.2	6.6

表4-3　江苏省邗江县红桥猕猴桃高产园（2 500kg/亩）土壤速效养分分析[*]　（单位：mg/kg）

样品	N	P	K	Ca（%）	Mg	S	B	Fe	Zn	Mo	Mn	Cu
1号	249.4	91.6	216	0.881	229	42.57	0.25	157	5.55	0.16	186	4.41
2号	208	116	314	0.869	292	36.02	0.25	210	8.65	0.27	165	4.96

*（1）此表数据由湖北省农业科学院测试中心测定；（2）土壤养分分析结果土壤有机含量为12%～16%；（3）测定日期为1990年10月2日

表4-4　四川省苍溪县东溪镇柴坡村红阳猕猴桃高产园（2 000kg/亩）土壤速效态矿质营养元素分析[*]　（单位：mg/kg）

样品	N	P	K	Ca（%）	Mg	S	B	Fe	Zn	Mo	Mn	Cu
1号	246.1	89.7	207	0.86	207	43.11	0.32	168	5.75	0.23	—	—
2号	226	103	221	0.79	238	42.1	0.40	193	6.12	0.31	—	—

*（1）此表数据由四川省苍溪猕猴桃研究所测定；（2）测定日期为2005年11月8日

除了测土配方补差施肥以外，生产上常常通过土壤营养分析、果园立地条件、树体负载情况以及果实、枝梢长势等表现性状，来确定具体的肥料的施用种类和数量。下面就标准化的红阳猕猴桃果园的标准化施肥作以下介绍，供广大红阳猕猴桃种植者参考。

二、肥料种类

红阳猕猴桃标准化肥料首选有机肥料，有机肥料中尤以红阳猕猴桃本身的枝条和叶片营养最适合红阳猕猴桃，因此，每年红阳猕猴桃修剪的枝和落叶经严格杀虫杀菌后腐熟而成的有机肥是红阳猕猴桃生长最适肥料，其次才是速效性化学肥料，再辅以微量元素肥料，即可以达到全营养供给。

有机肥：人畜粪尿类、饼肥类、红阳猕猴桃本身修剪掉的枝叶、秸秆类、草炭和腐殖酸、绿肥和微生物肥料。

无机肥：也称化学肥料或矿质肥料，包括氮素化学肥料如尿素等；磷素化学肥料如过磷酸钙、钙镁磷肥、磷矿粉肥等；钾素化学肥料如硫酸钾、氯化钾、窑灰钾肥和草木灰；复合肥料如硝酸磷肥、磷酸二氢钾等；微量元素肥料如硼砂、硼酸、亚硒酸钠、硫酸锰、钼酸铵、硫酸锌、硫酸铜、硫酸亚铁等。

三、施肥量

红阳猕猴桃园施肥量因树龄、种植密度、土壤肥力各不同而不一样。红阳猕猴桃一个年周期中植株新生器官所含营养元素的总和就是这一年的施肥量。依据四川苍溪猕猴桃研究所多年来对红阳猕猴桃果园土壤和红阳猕猴桃植株叶片及果实营养分析提出：进入成年期的红阳猕猴桃果园（以亩年产果1 000kg为标准）每亩每年的施肥在保持施入优质农家肥5 000kg的基础上，纯氮施入量为25～30kg，纯磷为15～20kg，钾为20～25kg，幼树酌减。详见表4-5。

表4-5　一般果园的施肥量　　　　（单位：kg/亩）

树　龄	年产量（kg/亩）	年施用肥料总量			
		优质农家肥（kg/亩）	化肥（kg/亩）		
			纯　氮	纯　磷	纯　钾
定植第1年		1 500	4～5	2～3	3～4

（续表）

树　龄	年产量（kg/亩）	年施用肥料总量			
		优质农家肥（kg/亩）	化肥（kg/亩）		
			纯　氮	纯　磷	纯　钾
2～3 年		2 000	8～12	4～6	6～10
4～5 年	500	3 000～4 000	15～20	8～12	10～15
6 年生以上	1 000	5 000	25～30	15～20	20～25

　　上述的优质农家肥包括红阳猕猴桃的修剪枝条、落叶经杀菌杀虫后腐熟而形成的有机肥料，这种肥料含有红阳猕猴桃生长发育所必需的养分也是最能为红阳猕猴桃吸收利用的全营养。

四、施肥时期

　　基肥：以农家肥为主，辅以适量无机肥料。施用时期为采果后到落叶前最好，一般在 9 月下旬至 10 月上中旬施入最佳。施肥量要占全年施肥量的 60% 左右。磷肥在此期配合有机肥一起施入最佳。

　　芽前肥：也称壮芽肥，立春前 10 天，以无机肥为主，施用量占全年施肥量的 20%。此期以氮、钾肥为主。

　　壮果肥：谢花 15～20 天，以无机肥为主，施用量占全年施肥量的 20%。此期以氮、磷肥为主。

　　根外追肥：也叫叶面施肥，其用量少，肥效快，不受营养分配中心的影响，可及时地对猕猴桃补充营养元素，也可避免土壤对营养元素的固定。但是，叶面施肥毕竟肥量小，元素不全面，不能代替土壤施肥。红阳猕猴桃未套袋果实期间根外追肥可能污染果面，部分金属元素实施根外追肥还损伤叶片，生产中应该注意。主要是氮、磷、钾肥及微量元素。

五、施肥方法

　　施基肥：结合深翻改土，可以当年秋季隔行施入，次年秋季隔株施入。幼年树多以环状施肥法，成年树多以条状施肥法。一般施肥沟宽 30～40cm，沟深 40～60cm。

施追肥：主要采用环状式、条状式、穴式等。追肥肥料施入根尖集中分布区偏外区域，化肥稀释浓度不高于 5%，避免肥料伤根。

根外追肥：在果实套袋后至采果 1 月前用大量及微量元素肥均可喷雾，使用量一般为 0.1%～0.3%。

第三节　水分管理

红阳猕猴桃多采用美味猕猴桃做基砧，其根系属于肉质根，对土壤水分比较敏感，一般喜湿润、惧干旱、怕水涝。红阳猕猴桃果园田间相对持水量常年保持在 60%～80% 有利于其健康生长和开花结果。

一、需水规律、灌水时期

红阳猕猴桃的需水时期：萌芽前、开花前、新梢生长和幼果膨大期、果实迅速生长和花芽生理分化期、夏季高温期需水量盛；秋季少雨、落叶期、休眠期需要适量水分供给。

猕猴桃的灌水量：红阳猕猴桃园要求最适宜的土壤相对持水量为 60%～80%，低于 60% 时，必须灌水，否则植株可能会发生不可逆转的萎蔫而死树。

二、灌水方式

人工浇灌：在红阳猕猴桃行间或树盘进行均匀灌溉。此法是在建园时先预埋输水管道，每间隔 20m 留一个出水口并安装龙头，灌溉时用一根软管接在水龙头上即可浇灌，十分方便。

微喷灌：在猕猴桃果园架下安装微喷灌，喷雾半径1m，喷头高度距地面1m左右，可依据红阳猕猴桃架杆固定输水管道，有固定（自压）和移动喷灌（喷灌机）2种。通过喷头将水喷到空中，成为水滴降落到地面上。

滴灌：在有自动控制系统的果园可以安装滴灌，滴灌结合施肥，以水滴的形式慢慢地浸润红阳猕猴桃植株的根域，补充水分和源源不断地供给根系营养。

三、排水除湿

红阳猕猴桃的根系多采用美味猕猴桃做基砧，属于肉质根，对土壤水分的多少比较敏感。土壤积水，造成土壤缺氧，园地排水不良，造成涝害，引起根系死亡。为了防止猕猴桃受涝害，建园前的选址非常重要。红阳猕猴桃要选在不易受涝的地方，具体要求地下水位低于1.5m，排水方便。如果在平地建红阳猕猴桃园，则果园四周要挖一条深和宽各1 m的排水沟，与果园周围大的排水系统贯通，要保证顺利排除积水。

为了防止红阳猕猴桃果园积水，建园时规划和修建好排水沟渠外，苗木要求实施垄厢栽植，栽植红阳猕猴桃的垄厢要高于各级道路80cm以上，并形成瓦背状，一般中间高于两边10～15cm。每年冬季结合清园清理好主道路、干路和支路（操作道）两侧的沟渠和定植垄厢之间的小沟，保持排水畅通。

第五章　整形修剪

第一节　整形修剪目的、原则和措施

一、整形修剪目的

培养合理的树体结构，扩大树冠有效面积，使幼树迅速成型，早结丰产；平衡营养生长与生殖生长，促进盛产期连年丰产稳产；调节枝量与密度，使树体通风透光，减少病虫危害，增进果实品质；控制叶果比例，使树体健壮，延长树体寿命。

二、整形修剪原则

红阳猕猴桃整形修剪的原则是采取最简单的修剪技术和措施，达到合理利用果园的光、热、气自然生态资源，增加树体营养合成，减少树体营养消耗和浪费，最终有利早结果、多结果、结好果。其整形修剪技术最终达到好学、好懂、易推广，并且在技术推广运用中不易变形走样。

三、整形修剪措施

1. 抹芽

抹芽就是在生长季节前期，及时抹除或削去过多的萌芽，以及不在预留枝条位置上的芽，其能节约树体营养，减少无用枝蔓生长，集中营养供应有用枝蔓和叶果的有效生长。新植幼树要保持新梢直立生长优势，要抹去或削去顶端芽以下的芽和砧木上的芽。成年树抹除或削去各级枝蔓背上芽、背下芽、上年结果母枝极重短切后留下的母蔓座上萌发的多余的芽和疏枝蔓后刺激的隐芽和根颈部隐芽，以及有碍于骨架枝蔓生长的过多萌芽和砧木上的芽。抹芽要与枝蔓培养、更新技术相结合，注意选留母蔓座上萌发的位置适当的芽培养翌年结果母蔓，并注意在树体上有空间的地方选留主、侧蔓上一定数量的补空芽，最大限度实现有效树体结构。

2. 摘心

摘心又叫断尖。是指新梢在尚未木质化之前，摘除先端的幼嫩部分。新植幼树在第一次新梢停长前会减缓长势而尖端变得弯曲，这时就应该在明显变细变弯曲处摘心。对幼树新梢进行摘心，能暂时抑制其加长生长，促使营养物质流向有

利增粗生长，促进新梢木质化和成熟，从而有利于第二次加长生长，加快幼树成形。对初果期和盛果期树适时摘心，可以促使腋芽萌发，增加枝蔓量、叶量及功能叶面积，有利于养分的积累，可提高腋芽发育质量，促进花芽分化形成花枝蔓，最终实现节约营养，提高坐果率和果实品质，提高花芽形成质量。

根据生产需要可实施不同程度的摘心，即轻度摘心、中度摘心和重度摘心。不同程度的摘心效果各异。重摘心由于摘除的部分木质化程度较高常需用剪枝剪进行剪梢，这样促发分枝作用比轻、中度摘心强烈。轻度摘心是在春、夏季，当红阳猕猴桃枝蔓开始旋转生长时，可以手工摘心或用棍子或竹竿从其幼嫩部位敲断的操作，这种摘心方式也称为打顶。轻度摘心一般不易促发侧芽，主要是暂时抑制加长生长，促进加粗生长和增加功能叶面积。中度摘心的程度介于重度摘心和轻度摘心之间，其树体反应和效果也介于两者之间。

3. 拿枝

拿枝也称扭梢。当新梢半木质化时，用手捏住新梢的中下部扭转30°～60°，伤及木质和皮层，新梢有分离但不会折断，称为拿枝。拿枝能较大地削弱新生枝蔓的生长势，使其短期内停止生长，有利于局

部营养积累，有利于花芽形成，并能刺激拿枝部位以内发出新梢。控制可利用的背上枝蔓和内向枝蔓的生长势，以补充全树营养面积时，常常运用该项措施。

4. 拉枝

也称拉枝绑蔓，就是改变枝蔓的生长方向，改变生长势，使空间利用合理，利于树体生长和结果。红阳猕猴桃的枝蔓较软，容易拉引。为了培育良好树形和成年树保持优良树体结构，在生产上，均应在生长季节利用拉枝

绑蔓措施调整枝蔓的生长方向，达到及时更换枝位，保持树体良好结构和良好生长结果状态的目的。冬季修剪后的拉枝绑蔓主要是牵拉均匀摆布骨架枝（包括主蔓、结果母蔓及营养枝蔓），为来年树体良好生长结果打下基础。

拉枝绑蔓的要点：一是用绳索将枝蔓均匀地固定在架面丝上，既不能让其自然移位，又不能绑得过紧，造成生长期枝条出现环缢，影响正常生长。多采用"8"字形绑蔓，架面丝上绑紧，枝蔓上绑松。二是夏季实施拉枝绑蔓，必须要注意保护叶片和果实。三是冬季修剪绑蔓要根据树形，让枝条均匀分布，合理占用空间，使来年树体能充分有效地利用果园有限的温、光、水、气资源。

5. 刻芽

伤流期后至立秋前，对于主蔓有空位，需要诱发侧蔓（结果母蔓）填补空位，可根据树形要求，选择合适部位芽，在距芽上方1cm处横刻一刀，宽度为芽宽度的2～3倍，深度达木质部，称刻伤。刻伤处理，愈合时间长，等次年树体树液流动时，伤口已经愈合，不会出现伤流，然而新产生的愈伤组织缺乏疏导作用，短期阻碍养分运输，使春季回流的叶片营养优先供给刻伤部下方芽，促其萌发生长，长成长枝。

6.缓放

对一年生枝蔓不修剪或仅轻度摘心，任其自然生长，称为缓放。缓放的作用在于缓和树势和局部枝蔓生长势，有利于花芽（花枝）的形成，是幼年树降低树势，平衡营养生长和生殖生长最常用的措施。

7.短截

冬季修剪时进行，指剪去一年生枝蔓的一部分。常常适用于幼树整形和成年树结果母枝培养。其又分为轻、中、重、极重短截。

8.回缩

冬季修剪时进行，剪截多年生枝蔓的一部分。该项措施主要用于结果母蔓及结果枝组的更新。

9.疏枝

也称疏蔓。将一年生或多年生枝蔓（包括当年结果母蔓）从基部剪除即为疏枝。当年结果母蔓结果后衰弱，抹芽工作不及时不彻底，常常导致树冠上又生长过多的无用枝蔓，这些枝蔓在冬季修剪时，需用枝剪从基部疏除。疏枝蔓的作用是更新结果母蔓，改善树冠内通风透光条件，平衡枝蔓间的生长，减少养分的无效消耗，促进花芽形成。疏枝多在冬季修剪时进行，主要除去当年结果母枝和结果枝、过多的来年结果母枝、多余的辅养枝、背上枝和背下枝、细弱枝和病虫枝等。

第二节　主要树型和整形

红阳猕猴桃是多年生藤蔓果树，经济寿命可以超过50年。良好的树型可以构建良好的树冠结构，是实现高产、优质、丰产、稳产的基本保证。整形可以使猕猴桃形成良好的骨架，枝蔓在架面合理分布，充分利用空间和光能，便于田间作业、降低生产成本；调整地下部与地上部、生长与结果的关系，调节营养生产、分配，尽可能地发挥猕猴桃的生产能力，实现优质、丰产、稳产，延长结果年限。整形的优劣直接影响到以后多年的生长结果，从建园开始就应按照标准进行整形，否则成年后对不规范的树型再进行改造就比较费事。猕猴桃本身不能直立生长，需要搭架支撑才能正常生长结果；猕猴桃的结果量亩产可以超过 2 000 kg，加上生长季节枝叶的重量，如果遇上大风，会产生很强的摆动量。因此使用的架材一定要结实耐用。目前红阳猕猴桃生产上推行的新型整形方式其特点在于全树的枝蔓分为 4 个级次，即主干、主蔓、结果母枝蔓和结果枝蔓。主干、主蔓基本固定，结果母枝蔓和结果枝蔓年年更新。具体使用的架型以大棚架为主，"T" 形架为辅，特殊情况下采用篱壁架式。

一、大棚架

支柱最常用的是钢筋水泥柱。长度 260cm 左右，粗度 10 ~ 12cm。横梁常用三角铁或 6 号钢筋做横梁。架线一般用塑料包裹的钢铰线。在支柱上纵横交错地架设横梁或拉上钢铰线，形如搭荫棚，故称棚架。此种架势适用于平地果园、大型梯地或庭院栽培猕猴桃。棚架支柱高

260cm，埋入土中 60cm，地上部分 200cm，支柱间 3m×4，每块地四周支柱顶部最好用三角铁或钢筋架设，利于钢铰线拉紧。支柱与支柱间沿株距每隔 50cm 左右拉一根塑料钢铰线，并形成五线。详见图 5-1。

大棚架全树只有一个主干，高 1.7m 左右，垂直于种植面生长，主干越直越有利于营养运输；主蔓有两个，沿株距朝相反方向平行生长，在株行距 2m×3m 的园地里，主蔓长 1 ~ 1.10m，与另外一株树主蔓相交不超过 10cm，主蔓在主干上着生点距主线垂直距离 30 ~ 40cm，与种植面成斜向上水平生长，主蔓与主干延长线成 60° ~ 70° 夹角；两

侧主蔓上各着生有 4 个结果母枝蔓，每个结果母枝蔓一般长 1.5m 左右，要求两侧第一结果母蔓距离主干延长线与架面交叉处 10cm，即左侧第一结果母枝蔓与右侧第一结果母枝蔓间距为 20cm。在主蔓上最多共着生 8 个结果母枝蔓，每侧最多各着生 4 个结果母枝蔓，结果母枝蔓均着生在主蔓的两边，不选择背上的和背下的侧蔓进行培养，同一主蔓上相邻结果母枝蔓的间距约为 30 ～ 50cm，且方向相反；结果枝蔓的选留根据结果母枝蔓的健壮程度进行选择，以产定结果枝蔓总量，一般每个结果母枝蔓上留 2 ～ 3 个结果枝蔓。

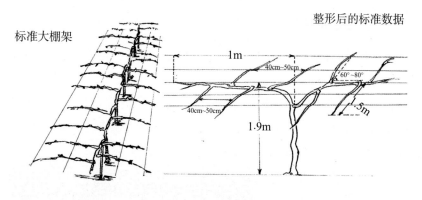

图 5-1　大棚架示意

二、"T"形架

"T"形架是在一根支柱的顶端加一横梁，整个架形像英文字母中"T"字，故而得名。"T"形架示意见图 5-2。"T"形架的支柱高为 240cm，埋入土中 60cm，地面上高 180cm，横梁长 150cm。作为支柱的材料，使用水泥柱，支柱大小以直径 10 ～ 12cm 水泥柱为宜。园地四周的支柱应加长和加粗，便于整形架的固定。横梁的材料也多用水泥杆，宽 10cm，厚 10cm，也可用三角铁、圆木和方木的。横梁与支柱的结合一定要牢固。支柱与支柱之间的距离为 4 ～ 6cm，其距离的远近取决于株距、支柱和拉丝的质量。树行两端支架的固定对整形架的固定起关键作用，常用内撑式和外拉式。支柱埋设固定后，即可牵引横梁上的铁丝，牵引拉丝时，应尽量保护拉丝表面的保护层，以延长使用寿命，拉丝尽量拉紧拉平。"T"形架对空间的利用率高，有效面积大，又便于管理，在生产上应用较理想。但耗材较多、投资较大。

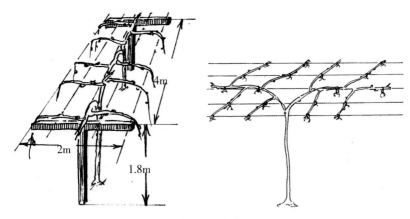

图 5-2 "T"形架示意

"T"形架也只有一个主干，高 1.7m 左右，垂直于种植面生长，主干越直越有利于营养运输；主枝蔓有两个，沿株距朝相反方向平行生长，在株行距 2m×3m 的园地里，主枝蔓长 1～1.10m，与另外一株树主枝蔓相交不超过 10cm，主枝蔓在主干上的着生点距离架面垂直距离为 30～40cm，与种植面成斜向上水平生长，主枝蔓与主干延长线成 60°～70° 夹角；两侧主枝蔓上各着生有 3～4 个结果母枝蔓，每个结果母枝蔓一般长 2m 左右，最长结果母枝蔓距地面不能低于 50cm，要求第一主蔓距离主干延长线垂直距离为 10cm，即左侧第一结果母枝蔓距离右侧第一个结果母枝蔓之间垂直距离为 20cm。一个主枝蔓上最多着生 4 个结果母枝蔓，结果母枝蔓均着生在主蔓的两边，不选择背上的和背下的枝蔓进行培养，同一主蔓上相邻结果母枝蔓之间的间距一般为 30～50cm，且方向相反；结果枝蔓的选留根据结果母枝蔓的健壮程度进行选择，以产定结果枝总量，一般每一结果母枝蔓上 2～3

个结果枝蔓。

三、篱壁式

也称扇形整形架，多为观赏园地用，一般以 3 层为宜。每一层均有两个方向相反的主枝蔓，层与层之间由主干连接，第一层与地面相距 80cm 左右，第二层与第一层相距 50cm 左右，第三层与第二层相距50cm 左右；每一层主枝蔓长 1m 左右，主枝蔓上着生数目不等的结果母枝蔓，结果枝蔓的选留根据结果母枝蔓的健壮程度进行选择，以产定结果枝总量（图 5-3）。

图 5-3　篱壁式架示意

第三节　不同生长期的修剪

红阳猕猴桃修剪分为冬季修剪（休眠期修剪）和夏季修剪（生长期修剪），一般以夏季修剪为主，冬季修剪为辅。

一、冬季修剪

红阳猕猴桃修剪时期为自然落叶三天后到第二年的 1 月内，以 12 月中下旬修剪最好，但一定要错开降温冻害期。冬季修剪的主要任务是树体主枝蔓培养、结果母枝蔓更新、清除病、虫和枯死枝蔓。

1. 主枝蔓培养

主要是针对幼年树和初结果树。在生长季进行整形修剪的基础上，冬季修剪中根据架式和树体情况，利用健壮的发育枝蔓，采用拉、撑、捆绑等方法调整或补充主枝蔓。

2. 结果母枝蔓更新

主要是针对进入盛果期和衰老期的树。红阳猕猴桃枝蔓柔软，结果后极易下垂而衰弱，因此，结果母枝蔓的更新，在整个结果期必须年年进行，尤其是"T"形架的结果母枝蔓的梢头下垂，更易出现下垂衰弱。在修剪中常常根据猕猴桃潜伏芽的萌发势和生长势很强这一特点来更新结果母枝蔓。其方法是：一是抬高枝蔓角度，增强生长势；二是去弱留强，保留适当的结果母枝蔓；三是利用修剪培养母蔓座，并利用母蔓基座上发出的强旺枝蔓、徒长枝蔓替换衰弱、病虫及枯死枝蔓。

3. 清除病、虫枝和枯死枝蔓

枝条过于密集，管理不善的果园，树冠内部通风透光不良，内部枝蔓容易枯死，结果枝蔓也易滋生病虫。冬季修剪时要注意清除病虫枝蔓、枯死枝蔓和衰弱枝蔓。

4. 枝蔓修剪保留量标准

以翌年产量确定枝蔓修剪的保留量。幼年期和初结果期的红阳猕猴桃树，留芽量尽量大，一般只除去细弱枝蔓、多余的徒长枝蔓和病虫枝蔓，以快速形成树冠结构；盛果期及其以后的红阳猕猴桃，其全树的留芽量以结果母枝蔓数量及其修剪长度来确定。以盛果期的红阳猕猴桃树为例：每亩果园预期产量为 1 500kg，按照 2m×3m 株行距每亩果园种植红阳猕猴桃 110 株（雄株不占正地），红阳猕猴桃单果重平均按 70g 计算，按照标准大棚架式平均每株树结果母枝蔓为 8 个，每个结果母枝蔓上的有效芽萌发形成的单个结果枝蔓上着生果实数量平均为 3 个，平均每个结果母枝蔓上的留芽量为 8 个有效芽。公式为：每亩产量 / 每亩株数 / 单果重 / 结果母枝蔓数 ×3= 平均每结果母枝的留芽量。

二、夏季修剪

红阳猕猴桃夏季修剪时期为 4—8 月，因此，次修剪相对集中于夏季，所以，常常称为夏季修剪。本阶段猕猴桃枝蔓生长旺盛，夏季修剪目的是调节树体生长发育平衡状态，削弱树体营养生长势，降低蔓梢无效生长量，改善光照条件，增加整个树体，特别是叶幕层内的通风透光能力，利于光合产物积累，提高营养物质的利用效率，使树体快成形，速成花，早结果。修剪主要包括四个方面的内容：一是疏蕾、疏花、疏果，使树体合理负载，早期疏除多余花蕾、侧花蕾（农民称为耳花）病虫蕾，疏除畸形果、小果、多余果、病虫果。疏果后要及时进行套袋。二是采取抹芽、摘心等修剪措施调节树体营养枝蔓数量和树体有效营养叶面积，使全树叶果比达到理想的 6∶1 或 8∶1。三是采取拉引枝蔓、绑缚枝蔓、短切当年生枝蔓等措施，根据不同树型的要求合理配置各级树骨干枝蔓。四是采取长放和牵引技术措施，培养来年结果母枝蔓。

第四节　不同发育期的修剪

红阳猕猴桃一生有 4 个不同生长发育时期，分别为幼龄期、初果期、盛果期和衰老期。幼龄期为 1～2 年，初果期 2～3 年，盛果期从第 6 年开始可以长达 20～25 年，衰老期有 5～10 年。各个时期的长短，受人为管理因素的影响很大，果园管理水平的高低，能对其有

2～3年的影响力；特别是盛果期的长短，受人为管理因素的影响非常大，管理水平的高低直接决定了结果的多少，果实品质的优劣和红阳猕猴桃树体的寿命。因此，在加强肥水管理的基础上，必须按照红阳猕猴桃的品种特性和其不同树龄的生长发育特点，而运用不同的整形修剪技术措施。

一、幼龄期整形修剪

红阳猕猴桃幼龄期泛指从嫁接苗定植到开始结果前这一时段，一般为1～2年。本阶段的整形修剪宗旨是培养合理树体骨架，促使幼树尽快平衡有序地扩大树冠面积，形成良好的树体结构，实现叶幕层全覆盖，为后期产量迅速递增打好基础。

幼龄期树整形修剪的任务主要是：培育强壮主干、主蔓和健壮的结果母枝蔓作树体骨架。红阳猕猴桃栽植后留2～3芽短截，萌芽后向上牵引生长，通过摘心扶壮，尽快形成主干，

主蔓。大棚架冬季修剪时，在主蔓与另一株红阳猕猴桃的主蔓交替处（即株距中心）延长5cm留背上芽短切，以抬高主蔓生长势，主蔓上发生的侧枝蔓多从饱满芽处短截。如果主蔓长度不够，太细，则在健壮处短截。夏季修剪多从主蔓上抽发的侧枝蔓上的饱满芽处重摘心打顶，使树体多萌生健壮枝蔓，供构建两级骨架枝蔓时选择。枝蔓生长量不足的树，进行刻伤促发枝蔓；枝蔓生长过多时，进行疏除处理。重点选择主蔓上侧芽萌发的且生长健壮、着生位置左右分布均匀合理的健壮枝蔓在其生长后期绑缚拉平培养成结果母枝蔓。培养主蔓时，要避免选择对生枝蔓，对生枝蔓容易开成卡脖，导致其结果母枝蔓生长变

得很衰弱，从而影响果品质量。同一主枝蔓上相邻结果母枝蔓方向相反，间距 30 ～ 50cm（一个主枝蔓上有四个结果母枝蔓则间隔 30cm，数量减少，间隔加大）。

二、初果期树的整形修剪

红阳猕猴桃初结果树是指红阳猕猴桃经过幼龄期后从开始结果到大量结果前这一时期。一般为幼龄期后的 2 ～ 3 年，即红阳猕猴桃嫁接苗定植后的第 3 ～ 4 年。

这个时期的整形修剪任务是：持续扩大树冠，完善树体主侧蔓骨架建造，运用重短切、基部刻芽等技术措施，诱发健壮枝蔓，着力培养结果母枝蔓。初果期的最后一年达到树冠基本形成，由于这时结果还较少，树体  负荷轻，树势仍偏旺，一定要在本期强壮树势。在继续培养结果母枝蔓的同时，对骨架枝蔓以外的健壮枝蔓，以缓放和轻短切为主，保持健壮营养生长的同时促进花芽大量形成，达到营养生长与生殖生长有机平衡，稳定树势，为尽早进入盛果期并达到盛果期高产优质奠定必要基础。

三、盛果期树的整形修剪

红阳猕猴桃嫁接苗木定植后的第 5 ～ 6 年进入盛果期，本期是指红阳猕猴桃从大量结果到产量开始出现明显下降的时期，此阶段也是红阳猕猴桃果园的主要经济收益期，业界称之为果园的鼎盛时期。在一般正常管理水平下，红阳猕猴桃的盛果期为 20 ～ 25 年。

盛果期红阳猕猴桃整形修剪任务是：保持树体骨架结构良好状态，

始终保持营养生长和生殖生长趋于平衡，使营养生长水平持续保持，树体负荷量逐年平稳增加，始终控制产量于合理水平，保持健壮的树势，维持较强的持续结果能力，延长其经济寿命。

整形修剪的具体做法是：前期适当缓放健壮枝蔓，促进成花，以负荷控制和保持树势；中期短切、疏剪、缓放结合运用，均衡维持树体生长势，使生长与结果状态保持稳定；后期则采用重短截等技术手段促进营养生长，延缓和防止树体过早衰弱。本阶段要强化夏季修剪技术手段运用，综合运用抹芽、摘心、疏除过密枝蔓等措施合理留枝、留果，保持叶幕层厚度于整个树体透光量占树体投影的20%左右。雄树在花后修剪，此期修剪量宜重，刺激萌发新生枝蔓，强壮树势和花芽，使花药、花粉活性的增强。

四、衰老期树的整形修剪

红阳猕猴桃树进入衰老期后，树势会明显地快速衰弱，此期花量大，枝蔓生长势弱，树体抽生中、长枝蔓的能力不强，果实产量和单果重量下降从而影响品质。此期重点加强肥水管理和病虫害防治，修剪方面注意更新树势，还可以有5～10年的收成，若管理不善，则整个果园很快失去经济效益。

本期整形修剪的任务：去弱留强，扶壮枝蔓，控制花量，大力更新，全面复壮。

修剪的具体做法：充分利用红阳猕猴桃潜伏芽，在冬剪时，回缩结果母枝蔓，促使其基部萌发新枝蔓，培养新的结果母枝蔓和培养新的强健的营养枝蔓。

第六章 花果管理

第一节 疏花蕾

　　红阳猕猴桃头年春天抽发的枝蔓和初夏抽生的枝蔓上的大部分芽均能形成花芽，尤以春天抽发的枝蔓中部芽萌发抽生的花序着生的果实，个大质优，蔓梢先端次之，基部最差，基部前5节以内的顶花与侧花在低温下分化时容易发生质融合，从而产生畸形果。红阳猕猴桃花芽为复花芽，即在中心主芽的两侧，还有1个或1对副芽（也称耳花）。因此，疏花蕾时，要注意保留结果枝蔓的结果部位中部的中心蕾，副芽（也称耳花）坚决疏除，对于同一个花序尽量保留中部果。

　　疏蕾一般在花蕾长至豌豆大时开始，一是疏除无叶花蕾；二是疏除枝背上直立生长的蕾；三是疏除边蕾；四是疏除病虫蕾、畸形蕾。最终达到：一根结果枝上保留4～7朵蕾，即强枝留5～7朵，中庸枝保留4～6朵，弱枝保留3～4朵。

第二节 授　粉

一、授粉品种选择

　　目前红阳猕猴桃尚无专门授粉品种，生产上常常选用花期与红阳猕猴桃相遇的中华猕猴桃的雄株作为红阳猕猴桃授粉树。不同授粉品种对于红阳猕猴桃的果型和品质有不同影响，以川猕 3 号猕猴桃种子播后产生的雄株作为红阳猕猴桃的授粉树花期最佳，果实品质最好。

二、授粉方式

红阳猕猴桃的授粉分为自然授粉与人工辅助授粉。

1. 自然授粉

自然授粉的红阳猕猴桃果园需要按雌雄比 4 ∶ 1 配置授粉树（本书中第三章第三节有详细介绍），要求雌雄花期相遇，最好雄花早开 1～2 天，雄花开放后能自然给雌花授粉，无须人工操作就能达到有效坐果。

2. 人工授粉

主要是针对授粉树配置过少，自然授粉不能达到有效结果而采取的一种辅助授粉。

（1）采集雄花：早上露水干后，下午 2 点左右采摘含苞待放的"铃铛花"，将采摘的雄花装入干净的膜袋中。

（2）取花药：将采摘的雄花放在白纸上，用牙刷刷下花药，再用竹签捻去花药中的花丝、花瓣及杂物。

（3）暴粉：暴粉方法很多，主要采用三种。一是利用人身体温暴粉：此方法是阴天或下午收集量小的花药，即用白纸将花药包成小包，揣入人体贴身衣服口袋，通过一夜，第二天上午可用。二是利用灯光加温暴粉：此方法是在阴天或下午收集量大的花药，即用盆或胶桶，桶内挂放 40 瓦电灯泡，桶上面放垫板，板上放白纸，白纸上放花药，花药中放温度计，温度掌握在 22～25℃，至花粉暴出为止。三是利用阳光加热暴粉，即将花药放在白纸上，再用白纸盖在花药上面，防止风吹直晒，在阳光下晒 3～5 小时，将粉暴出即可。

（4）授粉：授粉时间为早上8点至下午4点，授粉次数在初花期、盛花期、末花期各授一次。

（5）授粉方法：一是干粉点授，是在空气湿度大、阴天情况下，将花粉装入玻璃瓶，进行人工点授，蘸一次粉授3～5朵。二是稀释点授，一般是在空气干燥、阳光充足时采用，稀释液配对比例为：1份花粉，1份硼酸，10份蔗糖，1 000份纯净水，配对方法是：先将花粉装入量筒中，并放入蔗糖，再渗入纯净水，进行搅拌，成为花粉悬浊液，将悬浊液装入玻璃瓶，人工进行点授。三是喷授：将稀释悬浊液装入小型喷雾器，对着花柱进行喷授。

无论是稀释点授或是液体喷授均应该在整个授粉过程中保持液体温度在25～28℃，才能达到理想效果，否则，影响坐果率和果实品质。

3.花期喷硼

无论是自然授粉或是人工辅助授粉的红阳猕猴桃果园，在花期用0.3%的硼酸或硼砂，加0.3%的蔗糖进行喷雾，均能促使授粉受精良好，提高坐果率。

第三节　疏果和套袋

一、疏　果

1.疏果时间

疏果时间分为两次，一是在谢花后10天左右，二是在套袋时进行疏果。

2.疏果方法及疏除对象

一是疏除少叶或无叶果枝，这种无叶或少叶果枝因无就近叶片制造养分供应果实生长发育。二是结合绿枝修剪疏除多余挂果的果枝。三是疏除多余果枝上的全部果，促使生殖生长与营养生长平衡，让其一部分枝结果，一部分枝成为营养枝，培养出翌年更多的健壮结果母枝。四是疏除小果、畸形果。最后达到一个结果母枝上有 4～5 根结果枝，一个结果枝上保留 2～4 个果，即强枝上保留 4 个果，中庸枝上保留 3 个果，弱枝上保留 2 个果。最终达到全树叶果比（6～8）：1 的合理留果量。

二、套袋

1. 套袋作用

红阳猕猴桃幼果果皮光而薄嫩，在生长发育期间风吹后其枝叶、铁丝、果相互摩擦碰撞就会形成伤疤，而且病虫也容易为害，尤其是苹小卷叶蛾幼虫的为害可以导致 70% 的伤疤果。为此，套袋能防病、防虫、防日灼，避免各类伤疤形成，减少喷施农药而避免果面残留农药，生产无公害猕猴桃，提高标准果率的有效措施。经套袋后的果实果皮色泽光亮，呈绿黄色，无任何疤痕。

2. 果袋选用

单层黄色纸袋，大小规格为 165cm×115cm。袋底两角有透气孔和漏水扎，袋口一侧有自带拴带铁丝。

3. 套袋时间

以谢花后 15～20 天为宜，必须在疏果过后进行。套袋过早，果实未成形，套袋过晚一是不能避免苹小卷叶蛾幼虫在谢花后 20 天上果为害；二是不能避免幼果因风吹导致疤痕；三是过晚果皮色泽不能保证为绿黄色。

4. 套袋前喷药

套袋前为避免套入病虫继续为害果实，失去套袋的作用，套前必须喷一次杀菌剂和杀虫剂。药剂选用毒死蜱加龙克菌。特别是果实表面的各个部位（包括萼洼处）都要均匀地喷上药液。喷药后待果面水干后立即套袋，当天喷药当天套完。

5. 套袋方法

先将纸袋口浸湿 1/3 处，再将纸袋吹开，慢慢地将幼果放入纸袋，

注意将果柄对准纸袋缺口处，将缺口交叉折叠严实，慢慢将封口铁丝缠捏在折叠口纸上，严禁捏伤、划伤果把和果实。红阳猕猴桃一经套袋均不得提前摘下，以保持果面不受污染和外观着色一致，实行带袋采摘，采后分级处理前取掉果袋。

第七章 病虫害防治

第一节 病害种类及防治

一、侵染性病害种类及防治

为害红阳猕猴桃的侵染性病害主要有4类，即细菌病害、真菌病害、病毒病害和线虫病害。

1. 细菌病害及其防治

溃疡病

由丁香假单胞杆菌（Pseudomonas syringae Pu.morsprunorum）引起。丁香假单胞杆菌，是一种好氧、腐生性强、弱寄生菌，主要从植物体表各种伤口侵入，如冻伤、雹伤及风雪伤等，主要从新伤口侵入，其次为旧病斑。是一种耐低温的细菌。

（1）为害症状：主要为害主干、枝蔓、芽，其次为叶片、嫩梢、花蕾和花等部位，果实不容易感病。春季萌芽前后（伤流期）出现菌脓，也有少量在休眠期出现菌脓；菌脓多在枝干分杈处及树干表皮有破裂组织部位，或从落叶

痕、芽眼、皮孔、伤口、剪口溢出，分泌物与树液顺着树干枝蔓流下，使其枝干腐烂，出现黑色不规则的 1～3mm 圆形病斑。被害新梢基部 3～5cm 处呈现黑色使其枯萎。被害花蕾萎缩，萼片变褐随之干枯或脱落。新梢症状为：整个结果母枝新梢髓部变黑，逐渐萎蔫，主干裂皮现象严重。

（2）传播、越冬及侵染：猕猴桃溃疡病病菌远距离主要靠种苗、穗芽以及花粉传播，近距离主要靠雨水飞溅、昆虫、农事操作传播，

其次为气流传播。病菌主要在感病的主干枝蔓上越冬，或者附在病枝、病叶等残体上以及地面上越冬，成为来年初侵染源。侵染后一般在适宜的条件下，经过 3 ～ 5 天即开始产生菌脓，经过不断重复侵染，扩展蔓延。

（3）发生时期：病害发生始期 12 月下旬至 1 月下旬，发病高峰期 3 月下旬至 4 月中旬，病害缓慢期 4 月中旬至 4 月下旬，随着温度的升高，伤流期后病情逐渐缓慢，进行潜伏为害，其发病程度较轻，症状表现甚少。

（4）影响病害发生的因素：主要有冻害、环境条件、树体营养、树体伤口等。病害发生与树体的冻害程度有密切关系，冻害是诱发溃疡病的首要条件。越冬休眠期，气温骤变，或低温时间长，使树体遭受冻害，病菌容易侵入，病害发生重。猕猴桃溃疡病的发生和温湿度也有关，低温高湿强光照射发病重。早春气温回升早，发病早，反之发病晚。其次，早春降雨多，时间长，病害发生重。同时，排水差和低洼潮湿园发病重。土壤 pH 值为 6.0 ～ 8.5，最适合 pH 值为 7.0 ～ 7.4。耐盐力超过 4% 不能生长，耐旱力 7 ～ 10 天。偏施氮肥、缺乏有机肥、园地土壤通透性差，瘦薄，导致树势弱的发病重。严重缺硼、缺磷，导致树体组织疏松，冻害严重，容易发病。农事操作和修剪中机械损伤越多，冬季修剪时间推迟，伤口愈合状况差，病菌容易侵入，病害发生重。对烟草有很强的过敏反应。

（5）防治措施：① 选择最佳区域种植。在年平均气温 15.2℃以上（苍溪县海拔 800m 以下）发展红阳为宜。② 严格加强检疫制度。严禁从病害发生区域调运和引入苗木、穗芽、花粉到无病区利用。同时，为避免农事操作带病传染，凡接触到病株工具和手都要用农用链霉素消毒。③ 加强栽培管理，增强树势，提高抗病能力。增施有机肥和钾肥，除改土时施足基肥外，在采果后亩施农家肥 3 000kg，加施钙镁磷肥 100 ～ 150kg，或生物肥、多元复合肥 500 ～ 1 000kg，生长季节每亩追施氯化钾或硫酸钾 15 ～ 20kg，在展叶期喷施 0.2% ～ 0.3% 磷酸二氢钾，果实膨大期喷施 0.2% ～ 0.3% 硫酸钾，每隔 10 ～ 15 天喷一次，连续喷 2 ～ 3 次。避免偏施氮肥。调控土壤 pH 值，使土壤达到微酸性，pH 值调控在 5.5 ～ 6.0。④ 及时清除病株。春季溃疡病盛发期进行定时寻查，一旦发现感病较严重的病株及时清除烧毁，控制病菌扩散。对个别初发微小病斑的植株及时刮除，涂上农用链霉素浆或粉剂。⑤ 落叶后及时修剪。落叶后及时修剪，促使剪口早期愈合，减少病菌浸染途径，降低发病率。同时不能过度修剪，减少伤口形成，并对伤口用波尔多液浆涂抹。⑥ 地面清园消毒。冬季修剪后及时清除地面各类残枝落叶和杂草，集中烧毁，消灭其越冬场所。⑦ 加强防冻预防。在建园选址要考虑背风或营造防风林。休眠期树干用硫酸铜、石灰、水、食盐 1：2：10：0.1 的波尔多浆刷白，或树干捆草包膜，或用 3 波美度石硫合剂涂树干。根颈部覆盖 20 ～ 30cm 厚的草，或根颈堆土 20 ～ 30cm，对根颈和树干进行防护。⑧ 药剂防治。采果后（9月上旬）在感病区域间隔 7 ～ 10 天喷雾 72% 农用链霉素 3 000 倍或75% 绿亨 6 号 1 500 倍，连续喷施 3 ～ 4 次，交替使用。在无病区域普遍喷施一次农用链霉素进行预防。冬季清园后喷 5 波美度石硫合剂，芽萌动期喷 2 ～ 3 波美度石硫合剂。立春后，在感病区域隔 7 ～ 10 天喷 72% 农用链霉素 3 000 倍液或 75% 绿亨 6 号 1 500 倍液，连续喷施3 ～ 4 次。

花腐病

花腐病由假单胞杆菌（Pseudomonas viridiflava）引起。

（1）为害症状：主要为害花和幼果。初期感病花蕾和萼片上呈现褐色凹陷斑，当病菌入侵到芽内部时，花瓣变为橘黄色，受害严重的花在蕾期即开始腐烂。受害不严重的花能开放，但是花药花丝由于病菌浸染变成褐色或黑色后腐烂。开放的病花呈褐色并开始腐烂，花很快脱落。轻微受害的花还能结果，病菌从花瓣扩展至幼果上，引起幼

果变褐萎缩，病果易脱落，受害轻的果实长成后很小，部分发育畸形。

（2）发病规律：病原菌广泛存在于树体的叶芽、叶片、花蕾和花中，发病常常受气候的影响，在花蕾期、开花期，遇阴雨或果园湿度大，气温低，该病发生较重，枝条过密，树体荫蔽通风不良的果园发病较重。该病菌在果园内借风、雨水、昆虫和病残体传播，远距离主要依靠繁殖材料和花粉传播。病菌通过气孔和伤口入侵，除了为害花蕾和花，也为害叶和果，症状为褐色腐烂斑点，逐渐扩大，最终整叶整果腐烂，叶凋萎下垂，果实脱落，严重受害的树表现症状常常与溃疡病在新梢上为害的症状相似。

（3）防治措施：① 改善果园排水条件，排水良好，土壤湿度不大于田间相对持水量80%。② 合理修剪，改善果园及树体的通风透光条件。③ 落叶后至萌芽前喷2～3次喷5波美度石硫合剂，萌芽至花期喷72% 农用链霉素3 000 倍液1～2次。

根癌病

根癌病由根癌脓杆菌（Agrobacterium tume faciens）引起。

（1）为害症状：本病只为害根和根颈部。病菌浸入后根际症状为

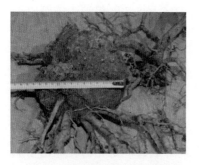

根瘤，根瘤先期呈乳白色，表面凹凸不平，病变组织呈菜花头，组织较松；后转为褐色至深褐色，组织木质化，坚硬。根癌发生后其地上部的症状主要表现营养不良，生长受阻，枝梢发育缓慢，枝梢短，枝蔓叶小黄化，果实小，品质差，树体衰弱。

（2）发病规律：该病周年发病，逐年加重。病菌经伤口入侵，近距离通过土壤和病根残体传播。远距离通过苗木传播。

（3）防治措施：① 不在已经种植过猕猴桃地育苗和建园。② 加强植物检疫，不种植带病苗木。③ 发现病株带根彻底销毁，并用漂白粉对土壤消毒。④ 防治好地下害虫，防止害虫伤根后病菌乘虚而入。⑤ 药剂灌根，用 0.3 ～ 0.5 波美度石硫合剂，或 1∶1∶100 波尔多液，或 72% 农用链霉素 3 000 倍液，或 1 200 倍土霉素液，每隔 7 ～ 10 天交替灌根 1 次。

2. 真菌病害及其防治

立枯病

立枯病为红阳猕猴桃苗期主要病害。

（1）症状：浸染幼苗，为害幼苗根颈部及其以上茎干和叶片。初期从根颈部发病，呈水渍状小斑，淡褐色，半圆形或不规则形，其后小斑扩大，根颈部皮层腐烂一周，地上部叶片萎蔫，病苗根皮层腐烂而易脱落，仅留木质部。叶部症状与幼茎相似。

（2）病原：立枯病的病原菌为半知菌亚门的立枯丝核菌（Rhizoctonia solani kuhn）。

（3）发病规律：该病以菌丝体或分生孢子在土壤中越冬，翌春菌丝体分化形成分生孢子器，孢子器内产生分生孢子。分生孢子借土壤、病残体随风雨传播浸入细嫩植物组织，引起发病。在常温（20℃左右）、高湿、根系渍水，或 6—8 月高温干旱，地表温度过高烧伤幼苗根茎部，再进行过量灌水时能诱发此病。

（4）防治措施：① 苗床应选择地势高、排水良好、土质疏松的地块，并在播种前一月用 3 ～ 5 波美度石硫合剂进行土壤消毒。苗圃底肥要施腐熟的有机肥并用甲基硫菌灵处理，可有效预防此病。② 发病初期要及时清除病苗并烧毁，用 3 000 倍定酰菌胺或 1 000 倍甲基硫菌喷雾幼苗和表土；发病中期用戊唑醇 3 000 倍液喷洒幼苗和表土。③ 加强苗圃排水沟渠深度，排除渍水，降低土壤湿害；随时保持土壤田间相对持水量 70% ～ 80%，干旱时及时灌水。④ 是实施土壤覆盖和苗圃遮阳可有效减轻本病发生。

疫霉病

疫霉病主要为害猕猴桃根，也为害猕猴桃根茎、主干和细嫩枝蔓。

（1）症状：该病属土传病，黏重土壤、排水不良湿度大，或渍水

时易发病，以春季至夏初（7—9月）为重。主要在高温、高湿季节发病，由病残体传播，接触传染。该病菌先为害根的外部，扩大到根尖，有时也从根颈浸入，蔓延到茎干、细嫩枝蔓。病斑水渍状，褐色，病斑渐扩大腐烂，有严重酒糟味，严重时病斑环绕茎干，引起主枝环剥坏死，延伸向树干基部。最终导致地上部萌芽延迟、叶片变小萎

蔫、蔓梢尖死亡，严重者芽不萌发，或萌发后不展叶，最终植株死亡。

（2）病原：病原菌为疫霉菌，有数个变种，苹果疫霉菌（Phytophthora cacterum），樟疫菌（P.cin-namon），侧生疫霉菌（P.lateralis），大子疫霉菌（P.megasperma var. megasperma）等病菌引起病害。

（3）发病规律：此病为土壤传播病害。春天和初夏根在土壤中被浸染后菌丝体大量发生，然后形成菌核，4—5月和8—9月为本病发生高峰，10月以后随着地温下降而停止蔓延。土壤黏重、排水不良容易发生，根系遭受伤害以及幼苗栽植时细菌根际土壤不细导致土壤与根系结合不好均易发生此病。

（4）防治措施：①选择良好的土壤建园，改善土壤团粒结构，增加土壤通透性。②起垄高畦栽培，注意果园排水。③不栽病苗，并在施肥时注意防止树根部受伤。④在3月至5月中下旬用代森锌500倍敌磺钠浇灌根部2～3次，防止蔓延。⑤严重发病树，刨除病树烧毁。根颈部局部小病灶，则刮除腐烂组织，用石硫合剂原液，或甲基硫菌灵300倍液消毒，并换土。

根腐病

根腐病是猕猴桃根际的重要病害，严重时造成植株毁灭。

（1）症状：初期在根颈部出现褐色水渍状病斑，逐步扩大后产生白色绢状菌丝。病部皮层和木质部逐渐腐烂，有酒糟味，菌丝大量发生后一周左右形成菌核，淡黄色，油菜籽大小，随后根系变黑色、腐烂，甚至整株猕猴桃死亡。

（2）病原：由担子菌纲的密环菌（Armillariasp. 与 A.noual-zelandiae）和假密环菌（Armillariasp mellar Fres Karsem）引起发病。一般4月开始发病，7—9月最盛，在土壤黏重、通透性差和排水不良的果园中经常发生。

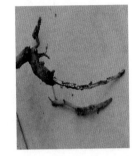

（3）发病规律：病菌以菌丝体在病根和土壤中越冬，翌年春季树体萌动后病菌随农事劳动、雨、水、地下害虫活动传播，从根系伤口或根尖浸入，遇高温、高湿性气候时发病。夏季久雨后突晴后连日高温，病株会突然出现萎蔫死亡。发病期间病可以多次浸染，土壤黏重，排水不良，湿度过大的猕猴桃园发病重。本病通过劳动工具、雨水传播，也可通过地下害虫如蛴螬、地老虎等为害后造成伤口浸染。

（4）防治措施：① 建园时要因地制宜选择土壤肥沃、透水透气、排灌良好的田地建园。② 不栽植病苗和加强苗木消毒处理，定植深度不宜过深，不要施入未经腐熟的农家肥。③ 加强果园管理，增强树势，提高树体抗性。④ 用药防治，在3—6月间，用敌磺钠500倍液和戊唑醇3 000倍液交替灌根两次。⑤ 发现病株带根彻底销毁，土壤用溴甲烷熏蒸消毒。⑥ 依据树势合理负载，适量留果，保持树体健康。

褐斑病

褐斑病又名叶枯病，主要为害猕猴桃叶片，严重时可引起叶片大量脱落。

（1）症状：本病主要为害猕猴桃叶处，也为害猕猴桃枝杆和果实。猕猴桃褐斑病在猕猴桃抽梢、现蕾、展叶期，叶片出现

斑点，多在叶片边缘产生近圆形暗绿色水渍状斑点，随气温升高，叶部斑点逐步增多、扩大，7月中、下旬叶缘及叶面产生大量不规则大褐色病斑，病斑四周呈深褐色，中部浅褐色，叶背面黑褐色粒状，病斑常呈三角形、放射状、多角形混合斑，常常多个病斑相互混合形成极不规则的大枯叶褐色病斑，从而造成叶片卷曲破裂，干枯而脱落。枝杆受害后可导致枝蔓枯死幼果脱落。果实受害后果面先呈现淡褐色小点，后呈现不规则褐色病斑，果皮干腐，果肉腐烂。

（2）病原：由子囊菌中的小球腔菌（Mycosphaerellasp）引起的一种病害。

（3）发病规律：猕猴桃萌芽后4月中旬叶片和新梢上开始出现病斑，5月中旬果实出现病斑点，6月下旬病斑逐步扩大，7月中旬部分叶片边缘出现日灼状坏死，同时叶片正面黑褐色病斑扩大，叶片背面出现灰霉，7月下旬逐步掉叶，严重时8月中旬猕猴桃叶片脱落近60%，病树果实逐渐萎蔫、脱落，部分留树果实品质差、不耐贮藏。褐斑病发生的树，10月下旬重发新梢，第二年树势变弱，枝梢弱、花量少，花小。

本病是红阳猕猴桃主要叶面病害，诱导因素主要有：① 建园改土差，土壤通透性不良。改土时未彻底深翻土壤，部分农户甚至对产业发展持怀凝态度，保留田埂以备将来还耕，而造成果园渍水，土壤透气性差；② 排水沟渠不畅，果园渍水。发生褐斑病果园绝大多数地下水位高，60cm 深处可见积水，加之果园排水沟渠少，沟渠浅而窄，不能及时排出果园积水，果园湿度大，造成根系生产不良，影响植株健康。③ 间作不合理，良好的寄主环境。成年猕猴桃园间作高秆作物和猕猴桃园周围大量的梨树、苹果树等作物，既造成果园通风透光性不良，又为病原转主寄生创造了条件。④ 施肥不当，植株生长不良。果园偏施氮肥和用肥季节、方法不当造成根系大量损伤，导致树体生长发育不良，抗逆性降低。⑤ 过量负载，树体衰弱。留果过多，大量消耗树体营养，枝梢抽发差，叶片小而薄，较易感病。

（4）防治方法：①加强修剪和清园。夏季修剪剪除过密枝、病虫枝，改善树体通透性；冬季修剪后及时清园，将枯枝、落叶清除干净并集中烧毁，浅翻园地并用 1∶1∶200 波尔多液喷洒园地，减少病源基数。②清理和加深排水沟渠，确保果园排水畅通，降低果园湿害。③合理间作，清除果园杂草及园周病原寄主植物。④合理施肥。基肥于秋季采果后立即施入，壮果肥于 5 月 30 日前施入，N、P、K 配方施用，适量补充 Ca、Zn、B 等微量元素肥料，施肥采取环状或穴施，少伤根系。⑤合理负载，实施疏花疏果，根据树龄树势合理确定留果量，一般健康树 3～5 年生留果 2 kg 左右（约 24 个果），6～8 年生留果 8kg 左右（约 96 个果），8 年生以上留果 10～20kg（120～240 个果），壮树多留，弱树少留，成年树叶果比严格控制在（6～8）∶1 范围。⑥冬季修剪后至开花前（1 月中旬至 3 月下旬），树冠喷洒 5 波美度石硫合剂 3 次，压低病源基数。⑦冬季用石灰浆（石灰∶动物油∶食盐∶水 =30∶3∶3∶100）进行树干涂白。⑧萌芽前和谢花后 15 天用 50% 甲基托布津可湿性粉剂 1 200 倍液进行树冠喷雾，作基础防治。整个生长季节可选用 50% 甲基托布津可湿性粉剂、50% 腐霉利可湿性粉剂、80% 大生 M-15 可湿性粉剂等杀菌剂进行交替防治。

灰霉病

灰霉病主要为害猕猴桃花、枝条和果实。

（1）症状：本病发生时首先从花上开始浸染并逐渐浸染果实，果实发病后，先从果蒂长出灰色霉菌，初期为水渍状，后逐步霉变呈黑褐色，果实变软腐烂。枝条感染后表面一层灰色霉菌。

（2）病原：本病为半知菌葡萄孢菌（Betrytis cinerea Person）引起发病。

（3）发病规律：4—5 月以分生孢子菌丝浸染猕猴桃花，后浸染细嫩枝蔓和果实。受害花表现不明显，枝条受害表现症状也轻，只是在细嫩部分出现灰色霉层。为害果

实时，先从果蒂部长出灰色霉菌层，最初为水渍状点，后期变为黑褐色，果实逐渐软腐，有机械伤的果实最易发生。

（4）防治方法：①加强冬季用药，生长季节随时摘除病果，减少传染源。②合理修剪以通风透光，合理负载，增施有机肥，增强树势和树体抗病能力。③严格检疫，防止蔓延。④化学防治，早春用甲基硫菌灵1 000倍液或定酰菌胺3 000倍液进行防治。果实采收前1月用腐霉利2 000倍液对果树和果实喷雾灭菌。

3．病毒病及防治

迄今发现和报道的猕猴桃病毒病有苹果凹茎病毒（Apple stem grooving virus，ASGV）、长叶车前草花叶病毒（Ribgrass mosaic virus，RMV）、猕猴桃属马铃薯X病毒组（Actinidia potexvirus，AVX）、柑橘叶斑病毒（Citrus leaf blotch virus，CLBV）、猕猴桃病毒（Actinidia virus A (Vitivirus)，A AVA）、猕猴桃病毒（Actinidia virus B (Vitivirus)，B AVB）、苜蓿花叶病毒（Alfalfa mosaic virus，AMV）、黄瓜花叶病毒（Cucumber mosaic virus，CMV）、黄瓜坏死病毒（Cucumber necrosis virus，CNV）等，由于病毒的入侵，导致猕猴桃植株长势变弱，在生产上常常出现无故卷叶、叶黄斑现象，果实小，品质差。

防治措施：①栽植无病毒苗木。②生长季初感染的病毒病有其局限性，及时发现，做上记号，及时清除。③修剪完病株后用70%的酒精消毒修剪工具，以免通过工具传染。

二、非侵染性病害种类及防治

非侵染性病害也称为生理病害，主要包括缺素症、单元素中毒症、药害，以及非正常自然因素导致的生理发育不正常和生长异常。

1．营养缺素症的表现症状及其防治

缺　氮

（1）缺氮表现：主要表现为老叶先黄化，逐步向幼叶发展，最终所有叶片呈现均匀的脉间淡绿色至黄色失绿，仅留叶脉不变。当植株

体内每千克干物质含氮低于 1.5% 时，即可出现缺素症状。缺氮时树体生长减慢，植株较小，果实发育受阻，比正常果实小。一般超负载果园、沙地果园、石骨子地（未经充分风化熟化的紫色页岩土）、贫瘠地缺氮发生的相对较重。严重缺氮时，首先老叶在叶尖产生枯斑，然后沿叶缘向叶基部发展，造成叶缘坏死组织上卷。

（2）防治方法：① 土壤补充氮肥。盛果期园参考用量为尿素 1～1.5 千克／株，对足水隔 15～30 天 1 次，连施 2～4 次。② 在萌芽前和谢花后及时进行根外追肥，参考肥料为 0.2%～0.3% 的尿素液喷洒。

缺 磷

（1）缺磷表现：红阳猕猴桃轻度缺磷时植株生长缓慢，茎干瘦弱，叶片小。严重缺磷时，生长受到严重抑制，表现为老叶首先出现脉间褪绿，呈浅红色，逐步从叶尖向中部和基部发展，后中脉和叶片基部变红，叶

边缘部分呈现葡萄酒颜色。叶面泛蓝紫色光，叶向背面微翻卷。植株体内每千克干物质含磷量低于 0.12% 时，即可出现缺素症状。

（2）防治方法：① 土壤补充磷肥。盛果期园参考用量为过磷酸钙 2 000kg/667m²，经充分与农家肥混合腐烂熟化后做基肥施入。② 进行根外追肥，参考肥料为 0.2%～0.3% 的磷酸二氢钾混合液在生长季节连续喷洒 3～4 次。

缺 钾

（1）缺钾表现：红阳猕猴桃缺钾时，先期表现为萌芽展叶生长缓慢，脉间失绿，叶片边缘白天向上轻微卷曲，晚上恢复正常。严重缺钾时，果实变小，果皮颜色黄化，果

肉颜色变淡，芽发育不饱满，老叶叶缘首先变褐上卷，并快速向基部延伸，失绿组织与健康组织间的界线不明显，其后失绿组织由叶缘开始焦枯，成烧伤状，高温季节更明显。病叶提前脱落。当植株体内每千克干物质含钾低于 2% 时，即可出现缺素症状。

（2）防治方法：① 土壤施氯化钾或硫酸钾，盛果期园参考用量是每亩 25 ～ 30kg。② 进行根外追肥，参考肥料为 0.2% ～ 0.3% 的磷酸二氢钾混合液在生长季节连续喷洒 3 ～ 4 次。

缺 钙

（1）缺钙表现：首先在刚刚新成熟叶的基部叶脉颜色暗淡，坏死，然后向幼叶扩展，叶缘向上微微卷曲，坏死叶脉被脉间组织包围，甚至落叶，也称鸡爪状病。缺钙还影响根系生长发育，缺钙的植株的根系发育

不良，发根量少，根短，根尖枯死，从而导致根系真菌病害发生。当植株体内每千克干物质含钙低于 0.2% 时，即可出现缺素症状。

（2）防治方法：① 土壤施钙肥。酸性土壤可施石灰，提高土壤钙的含量。中性和偏碱性土壤，则施入磷酸钙、硝酸钙，盛果期园参考用量是每亩 10kg。② 叶面喷钙。在生长季节用 0.5% 氨基酸钙喷洒树冠。

缺 硼

（1）缺硼表现：红阳猕猴桃栽培要求土壤 pH 值在 5.5 ～ 6.5 为最宜，低 pH 值土壤环境条件下出现缺硼现象较为严重。红阳猕猴桃果园缺硼较为常见。猕猴桃果园缺硼时，幼叶中心呈现小且十分规则的黄色暗斑，随后扩大至

暗斑之间连接，在叶脉两侧形成大的黄化斑块，一般叶缘能保持正常，脉间组织隆起，幼叶加厚且扭曲变形；严重缺硼时，枝蔓生长受到抑制，节间变短膨胀，植株矮化，出现"藤种病"，缺硼的土壤多数缺磷，因而"硼磷双缺"是诱发猕猴桃溃疡病的原因之一。缺硼的猕猴

桃树花器发育不良，直接影响授粉受精，使果实种子少，果个变小而硬。当植株体内每千克干物质含硼低于 20mg 时，即可出现缺素症状。

（2）防治方法：① 土壤施硼。按每亩猕猴桃果园 1 000g 硼砂，拌细土均匀撒施于果园表面即可。② 根外追施硼肥。在萌芽期和盛花初期用 0.2% 的硼酸液均匀喷洒树冠既能提高猕猴桃果实坐果率，又能缓解或解决缺硼症。

缺 镁

（1）缺镁表现：猕猴桃果园镁缺乏症主要表现于高 pH 值土壤环境条件下症状较重。镁缺乏时猕猴桃叶脉正常，叶脉间出现浅黄绿褪色。老叶尤其明显呈斑马纹。失绿组织与健康组织间的界线较明显，缺镁症状一般出现在猕猴桃

生长季中期的 6—8 月。当植株体内每千克干物质含镁低于 0.1% 时，即可出现缺素症状。

（2）防治方法：① 生长季节土壤施用速效性的硫酸镁或水镁矾，盛果期猕猴桃园参考用量是每亩 2kg。② 叶面喷硫酸镁，浓度 0.3%～0.5%，隔周 1 次，连喷 3～5 次。③ 秋季施基肥时加入钙镁磷肥。

缺 锌

（1）缺锌表现：猕猴桃缺锌时，叶脉保持深绿色，老叶上出现脉间鲜亮黄色褪绿，叶缘较重，深绿色的叶脉与鲜亮黄色褪绿形成鲜明对比，这是猕猴桃缺镁症区别于其他缺素症褪绿的典型特征。其次缺镁还表现猕猴桃叶片窄长而小，通常又叫小叶病。缺锌还影响猕猴桃根系生长和发育。磷与锌有拮抗，磷具有降低土壤中锌

的有效性特点，土壤中有效磷含量过多往往也导致果园缺锌。当植株体内每千克干物质含锌低于 12mg 时，即可出现缺素症状。

（2）防治方法：① 土壤施硫酸锌，按 3 000g/ 亩标准将硫酸锌与基肥拌匀施入土壤。② 猕猴桃果实套袋后，用 0.3% 硫酸锌叶面喷施 2 ～ 3 次，间隔 7 ～ 10 天 1 次，不套袋果实叶面喷施硫酸锌会造成果面黑点，破坏其商品性。

缺 铁

（1）缺铁表现：猕猴桃铁缺乏首先表现在幼叶上。轻者幼叶呈现淡黄色或黄白色脉间失绿，老叶绿色正常。缺铁较重的果园先从幼叶叶缘起向主脉扩展，后可使枝蔓上的全部叶片失去绿色而整株黄化，极其严重缺铁的果园猕猴桃叶片连叶脉都失绿黄化或白化，叶片极薄，易脱落，果实小而硬，果皮粗糙。石灰岩土等 pH 值偏碱土壤环境条件下猕猴桃出现缺铁较重。当植株体内每千克干物质含铁低于 60mg 时，即可出现缺素症状。

（2）防治方法：① 多施农家肥，并结合农家肥沤肥时加入硫酸亚铁（参考 5kg/ 亩）进行堆沤发酵后作基肥施入，既能降低土壤 pH 值，又能补充土壤中有效铁元素。② 生长季节土壤中加施酸性肥料硫酸铵、硝酸铵等，降低土壤 pH 值，释放土壤中的铁元素。③ 在幼果套袋后叶面喷施硫酸铁铵，浓度为 0.3% ～ 0.5%，间隔 15 天左右 1 次，连续 3 ～ 5 次。

缺 铜

（1）缺铜表现：缺铜初期症状为幼叶失绿，呈淡绿色褪色，随后褪绿在脉间加重，其网状支脉仍保持正常绿色，严重缺铜时，叶片呈白色，极易脱落。缺铜常常导致植株矮小。铜在植株体内通常含量为每千克干物质含铜 10mg 左右，当植株体内每千克干物质含铜低于 3mg 时，即可出现缺素症状。

（2）防治方法：① 土壤施肥时结合施入铜盐。② 结合防病，叶面施用波尔多液，可防治与减轻症状。

缺　锰

（1）缺锰表现：猕猴桃缺锰主要表现在叶片出现浅绿色至黄色脉间褪绿，褪绿先从叶缘开始，逐步在主脉间扩展并向中脉发展，严重时仅在叶脉两侧可见一小块健康组织，支脉间组织向上隆起，叶面光亮如涂蜡。

（2）防治方法：① 多施农家肥，改良土壤，使土壤 pH 值维持在 6.5 以下，则不易发生本病。② 幼果套袋后叶面喷施 0.3% ～ 0.5% 浓度的硫酸锰，每间隔 15 天左右 1 次，连续 3 ～ 5 次。

2. 元素中毒症的表现症状及其防治

硼中毒

（1）中毒表现：叶片叶脉正常叶脉间褪绿，脉间组织隆起，叶片通常增厚，表面粗糙，先叶缘向下或向上卷曲，叶脉间颜色由褐色变成银灰色，叶脆极易破裂。果心变褐失去生长而坏死，果实有苦味，不耐贮藏。当叶面硼含量达到 100mg/kg 叶片干物质含量时，就表现中毒。

（2）防治方法：① 增加土壤有机质含量，保持土壤 pH 值在 6 ～ 6.5。② 土壤灌水。

铁中毒

（1）中毒表现：铁中毒主要发生在土壤酸性较大的果园。其症状表现出为老熟叶边缘褪绿，逐渐出现组织坏死，叶缘变褐微卷曲，落叶。

（2）防治方法：增加土壤有机质含量，过酸土壤施石灰调高土壤 pH 值，保持土壤 pH 值在 6 ～ 6.5。

氯中毒

（1）中毒表现：猕猴桃氯中毒时首先是老叶叶缘呈现青铜色褪绿，进一步加重后出现叶脉间组织坏死。而幼叶表现为叶色变淡，叶缘成蝶状卷曲。

（2）防治方法：① 土壤施肥避免施用氯化钾等含氯肥料。② 植株出现氯中毒时用大量清水灌溉，可洗去土壤氯盐。

锰中毒

（1）中毒表现：锰中毒的典型症状是叶片沿主脉两侧出现密集的小黑点。发病初期叶色灰暗，多呈蓝灰色，严重时大片叶面出现米黄色坏死斑。本病多发生于土壤过酸且排水不良的果园。

（2）防治方法：增加土壤有机质含量，过酸土壤施石灰调高土壤 pH 值，保持土壤 pH 值在 6 ～ 6.5。

三、自然灾害导致的伤害及其防治

大自然中强风、暴雨、冰雹、干热风、低温、霜冻等灾害性天气，常常导致红阳猕猴桃受到伤害，上述灾害因素在红阳猕猴桃建园选址时应该避免。现只针对目前已建成园有遇到上述灾害，介绍防灾减灾的方法。

1. 冻害

冻害也称为冷害和寒害。红阳猕猴桃属中华猕猴桃类，耐寒性较弱，一般休眠期遇 -5℃以下低温就极易遭受冻害。休眠季节的冻害表现为枝干开裂，枝蔓失水，芽受冻发育不全，不能萌发，如果温度过低或冬季干旱，又无防寒、防风条件时枝梢还会出现冻枯现象。红阳猕猴桃在萌芽后生长初期，最易遭受晚霜冻的为害，即所谓"倒春寒"或"寒流"，早春的嫩梢遇到 ≤ 1℃的最低温度时，就会受到冻害。主要表现为芽受冻，芽内器官不能正常发育，或已发育的器官变褐、死亡，导致芽不能正常萌发；晚霜引起萌发的嫩梢、幼叶初期成水渍状，随后变成黑色，死亡，影响开花结果和当年的产量。

　　持续长时间低温、低湿度和大风会加重红阳猕猴桃的冻害，会导致枝蔓严重失水干枯，抽条，或大枝干纵裂，甚者地上部死亡。休眠期低温冻害和早春"倒春寒"的冻害，常常诱发猕猴桃溃疡病大量发生。

　　预防或减轻冻害发生的方法：目前天气预报的准确度越来越高，从而对农时的指导性也越来越强。在预报有大幅度降温时，可采取以下措施预防或减轻冻害的发生：① 向树体上喷水，水在凝结时释放的热量可以缓解局部降温的急剧性，凝结后可起到外衣的作用。② 果园熏烟，用烟雾本身释放的热量和弥漫的烟雾作凝结核，促进空气里的水汽凝结所释放的热量，缓解局部降温的急剧性，此法应用得比较普遍。但熏烟时不能起明火。陕西周至县猕猴桃试验站发明一种好的熏烟法，是在用烟煤做的煤球材料中，加入废油，可使煤球能迅速点燃，但又不起明火，可用于防霜冻。只要每棵树下放置一块，效果就很好。③ 喷防冻剂，在冬季修剪后和早春树冠喷雾螯合盐制剂、乳油乳胶制剂、高分子液化和可降解塑料制剂和生物制剂等防冻剂能有效预防冻害。④ 保持冬季、春季树干、主蔓涂白，或用稻草、麦秸等秸秆将树干包裹好，外包塑料膜，两者并用可有效预防冻害。⑤ 选用抗寒砧木，如栽培上选用软枣猕猴桃、狗枣猕猴桃和葛枣猕猴桃作砧木，砧木的抗寒性物质输导到红阳猕猴桃品种组织后，能够影响和提高品种的抗寒性。⑥ 根颈培土保温，可以有效地防止冻害发生。

2. 沙尘暴

　　沙尘暴主要发生在红阳猕猴桃展叶、抽梢、开花期的春季，其为害主要是对花器、枝叶造成损伤，并在其面上留下厚厚的浮尘，影响授粉受精和植株光合作用。

　　减轻和降低沙尘暴为害的方法：① 建设防护林，高大的防风林是最有效的防护措施。因而，建园时一定不要省略这一设计。② 沙尘暴后及时向树冠喷水，冲刷掉浮尘。

3. 暴风雨和冰雹

　　暴风雨和冰雹的为害主要是使嫩枝折断，叶片破碎或脱落，不能为树体制造赖以生存和结果的碳水化合物，导致当年和翌年的花量和产量减少。严重时刮落或打烂果实，或使果实因风吹摆动擦伤，失去商品价值。

预防措施：① 选址避免灾区建园。农谚说"暴雨一小片，雹打一条线。"说明这两种自然灾害的发生有一定的规律，是可以在一定程度上进行预防的。最重要的要做好建园选址工作。自然界的大气流运动有一定的规律，冷暖气团急剧相遇引起暴风雨和冰雹。气团的运动除了受季风的影响以外，还受地面上水域、山脉甚至小生态环境的影响。所以，其发生的地域有一定的固定性。建园时，一定要避开这些经常发生暴风雨和冰雹的地区。② 已建成的红阳猕猴桃园应用防暴雨、防冰雹设施防御。在常有暴风雨和冰雹发生地区的大型猕猴桃园，生长季节要特别注意当地的天气预报，及时组织安装和调配防暴雨、防雹设施，如火炮、引雷塔和飞机等。小面积果园可以在果园周围设立柴油燃烧装置和驱雹火炮。当预报有暴风雨和冰雹时，专职人员应密切注意高空积雨云形成的强弱与运动方向。若积雨云为黑色，翻滚剧烈，来势凶猛时，即为暴风雨和冰雹的发生征兆。在积雨云层即将到来之前，点燃柴油，形成局部热空气，冲散积雨云；或发射高空防雹炮弹驱走或驱散雹云；或在空旷水域、地域设置引雷塔，对暴风雨和冰雹的发生地域，以雷电定点引导。

4. 日灼

按照标准化栽培模式，即采用大棚架的果园，一般不会发生果实和枝蔓的日灼病。"T"形架和篱笆形架，有果实外露现象，易出现日灼发生现象。红阳猕猴桃果实特别怕直射的强烈日光，5—8月未套袋果实在阳光下直接暴晒，就会发生严重日灼。症状为受害部皮色变深，皮下果肉变褐不发育，形成凹陷坑，有时有开裂现象，病部易感染真菌性病害等。

预防的措施：① 建园选大棚架，修剪时合理留枝蔓，枝蔓不能太稀。② 谢花后对果实进行套袋遮荫，以降低日灼的发生率，提高优质商品果率。

5. 涝灾

按照标准化栽培模式，除非整个地域全部沉浸在水里的情况发生，才会出现果园涝灾，一般情况下，其设置的排水系统足以防范果园积水。涝灾分暴风雨和连绵阴雨两种。主要引起土壤湿度过高和空气湿度过大，导致根系呼吸不良，容易发生根腐病，长期渍水后叶片黄化早落，严重时植株死亡。幼果期如遇久旱，而膨大期遇阴雨，裂果常有发生。

预防措施：① 建园时必须设置主、次排水沟渠，沟渠深度和宽度要达到建园标准。遇洪涝天气即时疏通排水沟渠，做好排水工作。② 在猕猴桃园干旱时及时灌水，使树体保持在一个较稳定的水分状态下（田间相对持水量60% ～ 80%），从而避免时而缺水，时而过度吸胀对生长的不良影响。

第二节　虫害种类及防治

为害红阳猕猴桃的害虫种类多，大致可分类为蛾类、金龟子类、叶蝉类、蚧壳虫类、螨类、叶甲类和地下害虫类。但均是小范围局部发生，只要稍加防治，极易控制为害于经济允许水平以下，不会造成大面积发生。

一、蛾 类

1. 种类

主要有苹果小卷叶蛾、桃白小卷蛾、黄斑长翅卷叶蛾、枣镰翅小卷蛾、角纹卷叶蛾、核桃缀叶螟、葡萄天蛾、东方蝙蝠蛾、木蠹蛾、豆天蛾等。蛾类害虫分类学上属鳞翅目，均以幼虫为害猕猴桃。蛾类幼虫均为咀嚼式口器，食性杂，对多种植物为害。主要为害猕猴桃的叶、芽、蕾、花、幼果和幼嫩枝蔓。常造成植株叶、芽、蕾、花和嫩枝蔓残缺不全，果实受害后失去商品价值。

2.生活习性及为害症状

上述卷叶蛾类一年可发生数代。以卵或蛹越冬，潜藏在树皮裂缝、分叉处卷叶内、土壤表层、老树皮和翘皮下。次年春季猕猴桃萌芽时开始孵化，以幼虫为害芽、花蕾、嫩叶嫩枝蔓。树上有果实后，幼虫啃食果皮，有时也啃食果肉，造成果面虫伤或落果，严重影响果品的商品价值和产量。老熟幼虫在卷叶内化蛹。成虫有鳞翅，会迁飞，吸食露水为生，不为害猕猴桃。成虫白天隐藏于叶背处或果园杂草丛中，夜晚活动。具有较强

卷叶虫以及其他鳞翅目害虫

的趋光性和趋化性。常常产卵于猕猴桃或其它寄主植物的叶面、叶背或果面上。产卵后在寄主的卷叶内、土壤里、老树皮和翘皮下作茧化蛹。上述天蛾类为害主要以幼虫为害叶片与嫩枝蔓，一般不为害花和果实。天蛾幼虫食量大可将叶片蛀食成大孔洞或将整片叶食尽，仅残留部分粗脉与叶柄，大量发生时可将整株植物啃食成光杆儿。被害植物常常黏网成苞，隐蔽蛀食。以卵和幼虫在树干缝隙越冬。

3.防治措施

（1）常年树干刷白，冬季修剪后及时清除枯枝蔓和落叶，并集中处理；刮除老树皮、翘壳，集中烧毁，消灭树体上的越冬虫源。

（2）树芽萌动后、展叶期、开花后和果实套袋前这四个关键时期分别及时喷施苏云金杆菌，或白僵菌粉剂，或20%毒死蜱3 000倍液，或20%亩旺特乳剂2 000倍液，交替使用上述药剂，避免害虫产生抗性。

（3）用赤眼蜂、甲腹茧蜂等天敌进行生物防治。

（4）果园内可悬挂糖醋液诱杀成虫。

（5）安装太阳能频振灯诱杀成虫。

二、蚧壳虫类

1.种类

蚧壳虫对猕猴桃的为害较大，为害严重时，在枝蔓表面形成凹凸不平的蚧壳层，削弱树势，导致枝蔓枯萎或整株死亡。其为害猕猴桃的主要有桑盾蚧、糠片蚧，其它蚧类在猕猴桃上为害少。

2.生活习性和为害症状

蚧壳虫类一年发生数代，集中发生两代，4—6月和9—10月是蚧壳虫发生的集中期。主要以雌性成虫若虫附着在树干、枝蔓和果实上，以刺吸式口器吸食树干、枝蔓和果实上的汁液而为害。雌性蚧壳虫多集中分布，移动性差。蚧壳虫多以雌性成虫方式在树干、枝蔓上越冬。如桑盾蚧以受精雌虫在枝蔓上越冬；糠片蚧则以若虫和少数成虫在树枝蔓枯叶上越冬。雌性成虫和若虫因被有蜡质蚧壳，药液难以渗透，因而，防治时应选择内吸式农药并在其两个集中孵化期进行重点防治。

3.防治措施

（1）加强检疫，不引进和栽植虫苗。

（2）冬季修剪后，用草把或刷子擦掉树干和枝蔓上的蚧壳虫并将修剪枝蔓集中处理，消灭虫源。

（3）冬季刮除树干基部的老皮、翘壳，集中烧毁。

（4）修剪后至萌芽前喷布5波美度石硫合剂3次。

（5）生长季节的4—6月和9—10月两个蚧壳虫集中发生期用下列药物交替防治。20%亩旺特乳剂2 000倍液，或25%噻嗪酮可湿性粉剂1 500～2 000倍液，或40%的毒死蜱2 000～3 000倍液喷雾，可消灭若虫。

（6）生长季喷施环保型轻乳油，在虫体表面形成一层空气隔层，致其窒息而死。

三、金龟子类

1．种类

为害红阳猕猴桃的金龟子主要有苹毛金龟、茶色金龟、小青花金龟、小绿金龟等。

2．生活习性和为害症状

金龟子食性很杂，幼虫和成虫均能为害猕猴桃。成虫主要啃食猕猴桃的叶、花、蕾、幼果及嫩梢，幼虫啃食植物的根皮和嫩根。为害后造成被害部位缺刻和孔洞。金龟子在夜间取食，白天就地入土隐藏，具有假死性。其生命周期为一年1代，以幼虫入土越冬。一般4—6月出土为害地上部，此时为防治的最佳时机。随后交尾，入土产卵。7—8月幼虫孵化并生存地下为害植物根。冬天以3龄幼虫或成虫状态，在深土层造土窝越冬。

3．防治措施

（1）利用金龟子成虫的假死性，在其集中为害期，于傍晚、黎明时分，摇动树干、枝蔓，将虫振动落地，收集消灭。

（2）利用金龟子成虫的趋光性，安置频振灯诱杀。一般3公顷安装一盏频振灯，金龟子扑灯时触及高压电而死。

（3）利用成虫的趋化性，在其集中为害期，放置糖醋药饵诱杀。

（4）冬季和早春中耕园土，让其越冬虫体受冻而死。

（5）化学药剂防治。用吡虫啉10%可湿性粉剂3 000～4 000倍液或亩旺特2 000～3 000倍液，于金龟子发生期喷雾。

四、蝽类

1．种类

为害红阳猕猴桃的蝽有麻皮蝽、菜蝽、长喙蝽等。若虫、成虫均能为害。它们均以刺吸式口器吸取植物的汁液为生。主要为害植物的叶、花、蕾、果实和嫩梢。

2. 生活习性及为害症状

上述三类蝽有翅，能迁飞。一年发生 1～2 代，常以成虫在老树皮、墙缝、杂草、落叶和土壤缝隙里越冬。植物受害后，局部组织停止生长，形成干枯成瘿，硬结，凹陷。叶片受害后常局部失绿不能有效进行光合功能，果实受害后果面硬结，凹陷失去商品价值。介于其前胸有盾片，后背有硬基翅，触杀剂难以渗透，防治时多选用内吸式农药。

3. 防治措施

（1）冬季清除枯枝蔓、落叶和杂草，刮除树皮，进行沤肥或焚烧。

（2）利用成虫的假死性和趋化性，在集中发生期进行人工捕捉或用糖醋药液诱杀。

（3）在大发生之年秋末至冬初，成虫寻找缝隙和钻向温度较高的建筑物内准备越冬之际，定点垒砖垛，砖垛内设法升温，加或不加糖醋化诱剂，砖缝中涂抹黏虫不干胶，黏捕越冬成虫，减少翌年虫口基数。

（4）20% 亩旺特 3 000 倍液，或 20% 阿力托乳油 3 000 倍液喷雾。

五、叶蝉类

1. 种类

为害猕猴桃的叶蝉类害虫有桃二星叶蝉、小绿叶蝉、短头叶蝉等，属同翅目叶蝉科。叶蝉又名浮尘子。形体小，会跳跃，有翅，能迁飞。叶蝉类为刺吸式口器。

2. 生活习性及为害症状

一年发生多代，在植物的整个生长期都为害。主要为害叶、嫩梢、花、蕾和幼果。被害部呈现苍白斑点，严重时多斑连片成黄白色失绿

斑，最终焦枯死亡脱落。叶蝉类若虫在4月开始活动，6月中旬出现第一次成虫，8月中下旬发生第二代成虫。9月下旬至11月中旬发生第三代成虫。以7—9月为集中防治期。叶蝉类常产卵于叶背主脉中，幼虫孵出后钻出叶脉，留下一条褐色缝隙。虫口基数大时，使叶背破缝累累。

3.防治措施

（1）保持果园在整个生长期园地清洁，除去杂草。冬季清园，减少虫口基数。

（2）及时抹芽、引蔓上架、绑梢、疏枝蔓，使枝蔓分布合理，不密集，减少为害。

（3）在5月下旬和6月上旬第一代虫口密度发生时集中用药防治。参照金龟子和螨类用药。

六、叶甲类

1.种类

为害红阳猕猴桃的叶甲有黄守瓜、核桃果象甲、光叶甲等。

2.生活习性及为害症状

叶甲类为咀嚼式口器，食性很杂，成虫和幼虫均可为害，主要为害猕猴桃的叶、嫩梢、花、蕾和幼果。被害部多呈现圆弧或不规则形缺刻。5月中旬零星出现，6月起密度逐渐增加，8月以后陆续转至近处的作物或杂草上。叶甲类的活动规律为白天上午10时至下午3时，为取食的旺盛阶段，夜晚休息。多以成虫越冬。产卵与化蛹在土壤、树皮等各种缝隙中，以土中多见。化蛹时多建有土屋。幼虫为害植物的根系。

3.防治措施

（1）冬季清园，刮除粗皮，集中处理，破坏害虫栖息场所。

（2）人工捕杀成虫、刮除卵块烧毁。

（3）在5月下旬至6月上旬喷洒药剂，集中发生期，用25%噻嗪酮可湿性粉剂1 500～2 000倍液喷雾，或用苦参氰杀盲蝽，稀释1 000～1 500倍喷施，或20%亩旺特3 000倍液喷雾，或40%毒死蜱2 500倍液喷施。

七、地下害虫类

为害猕猴桃的地下害虫主要有蝼蛄、地老虎和线虫。

1. 蝼蛄（"土狗子"）

蝼蛄为猕猴桃苗圃常见害虫。

（1）为害症状：以成虫、若虫为害猕猴桃幼苗的根部和靠近地面的幼茎，被害部呈不整齐的丝状残缺，常致幼苗枯死，同时还为害刚播下的种子。成虫、若虫常在地表活动，钻成许多纵横交错的孔道，使幼苗根与土壤分离，经日晒后枯萎而死亡。

（2）生活习性：3—4月开始活动，4—5月为害盛期，5—6月产卵孵化，10月下旬开始越冬，以春、秋两季较活跃。在雨后和灌溉后，行迹明显，为人工捕捉的好时机。

（3）防治方法：① 清除杂草，深翻土地，结合灌溉，人工捕捉。② 毒饵诱杀，用碾碎炒香的菜籽饼或花生饼等，拌以90%晶体敌百虫500倍液，傍晚撒在地面诱杀。

2. 地老虎

地老虎种类较多，以小地老虎为害最常见，苗圃和果园均有发生。

（1）为害症状：幼虫为害未出土和刚出土的猕猴桃幼苗，往往自地面咬断。如幼苗出土后主茎硬化，也能咬食生长点和嫩根，导致整株死亡或影响正常生长。

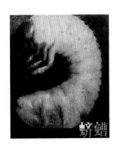

（2）生活习性：地老虎1年发生3～5代，4—5月为害最烈，5—6月化蛹，一般以蛹或老熟幼虫在土中越冬。

（3）防治措施：① 清除杂草，深翻土地时，放家禽捕虫。② 人工捕捉幼虫，于清晨在断口周围或沿残留在洞口的被害枝蔓叶，将土拨开3～5cm，寻找幼虫，捕杀之。③ 在幼苗出土前，用柔嫩、多汁、耐干的青草、酸模、旋花等，切成3～4cm碎段，拌以90%晶体敌百虫500～800倍液，在傍晚均匀撒入园内，或分小堆撒于田间诱杀之。

3.线虫

红阳猕猴桃线虫病害为猕猴桃根结线虫病。

（1）为害症状：猕猴桃根结线虫病只为害根系。地下根系为害症状初期为根系上生有结节，外观根皮颜色正常，大结节表面粗糙，后期结节及附近根系均腐烂，变成黑褐色，解剖腐烂结节，可见乳白色、梨形或柠檬形线虫。植株感染线虫后地上部的表现为植株矮小、枝蔓、叶黄化衰弱、叶小、叶片薄、枝蔓软，似开水烫过状，果实发育不良，果小易落。

（2）防治措施：① 加强苗木检疫，不栽虫苗。② 选用抗线虫野生猕猴桃种类作砧木，如软枣猕猴桃、狗枣猕猴桃等，并且苗圃不连续用作猕猴桃苗圃。

第三节　病虫害综合防治

在防治红阳猕猴桃病虫害时，要本着预防为主，综合防治，主治一种，兼治其他的原则。生物防治、农业防治、物理防治、化学防治手段有机结合，能有效地改善和预防农药的环境污染和对人类食品安全造成的威胁，可有效防止病虫害对农药的抗性产生，这样才能将红阳猕猴桃绿色保健水果的美誉保持下去。

一、生物防治

生物防治是指用生物或生物的产物防治病虫称为生物防治。其优点是不污染环境，对人、畜安全，其运用前景十分广大，应当大力推广。生物防治包括以虫治虫、以菌治病虫（昆虫病原微生物及其产物防治病虫）、食虫动物治虫、生物绝育治虫、昆虫激素治虫和基因工程防治病虫等。

1. 以虫治虫

（1）保护害虫天敌，营造有利其生长的系列条件，达到控制虫害的目的。为螳螂、姬小蜂、金小蜂、小茧蜂、瓢虫、蜻蜓、蜘蛛、草蛉等害虫天敌建设繁衍地或场所，冬季不刮树干基部老树皮，或秋季在树干基部绑缚草秸，诱集天敌越冬。

（2）合理使用农药，选择对主要害虫杀伤力大，而对天敌毒性较小的农药种类，在天敌数量较少或天敌抗药力较强的虫态阶段（如蛹期）喷药。严格禁止使用对天敌杀伤力强的广谱性农药，如溴氰菊酯、敌百虫、敌敌畏等，以保护天敌，维持昆虫的生态平衡，有益于病虫自然控制。

（3）引进天敌弥补当地天敌昆虫的不足。

（4）人工在适宜环境条件下，大量繁殖天敌并适时释放于红阳猕猴桃果园。

2. 性诱剂治虫

用性引诱剂诱杀害虫或破坏害虫的繁衍系统，达到控制害虫群体数量。

3. 以益鸟和禽类治虫

建设鸟巢引导和保护啄木鸟、山雀、画眉、黄鹂、大杜鹃等益鸟繁殖来达到控制虫数基数的目的。放养山鸡、鸡、鸭、鹅食虫。

4.以菌治病

利用病原微生物的代谢产物防治红阳猕猴桃病害。如用农用链霉素、四环素、土霉素防治溃疡病、花腐病等细菌性病害等。

5.以菌治虫

如苏云金杆菌治鞘翅目害虫；用 K84 菌防治根癌病。

二、物理防治

红阳猕猴桃果园安装频振灯、黑光灯利用灯光诱杀害虫，害虫集中发生期果园放置糖醋液诱杀等方法治虫。

三、农业防治

（1）加强植物检疫，杜绝引入检疫性病虫害苗。

（2）加强土肥水、修剪等红阳猕猴桃栽培管理工作，合理负载。增强树势，提高树体对病虫害的抵抗能力。

（3）加强修剪和清园。夏季修剪剪除过密枝、病虫枝，改善树体通透性；冬季修剪后及时清园，将枯枝、落叶清除干净并集中处理。

（4）生长期清理和加深排水沟渠，确保果园排水畅通，降低果园湿害。合理间作，清除果园杂草及园周病原寄主植物。

四、化学防治

（1）冬季修剪后至来年萌芽前对树体喷 5 波美度石硫合剂三次，减少越冬后的病虫基数。浅翻园地并用 1∶1∶200 波尔多液喷洒园地，减少病源基数。

（2）冬季用石灰浆（石灰∶动物油∶食盐∶水 =3∶0.3∶0.3∶10）进行树干涂白。

（3）生长季节选用安全、高效、低毒、低残留的杀虫杀菌剂交替使用。

第八章 采收、贮藏、加工

第一节 采 收

一、采收期的确定

采收时间早晚对红阳猕猴桃的食用性和贮藏性影响很大。采收过早，红色素较淡，果实难以软化，或果顶及中部软化而蒂部不软化，食之有淀粉味，品质低劣，不耐贮藏。采收过晚，红色素开始退化变淡，虽容易软化，但不耐运输和贮藏，所以必须适时采收。确定采收适期的最简便最科学的方法是用手持可溶性固形物测量仪（即俗称测糖仪）测定果实的可溶性固形物的含量。当可溶性固形物含量为 7% ～ 8% 时，即可采收。

测定方法：

（1）在红阳猕猴桃果园中随机选 5 株树，每株随机采 5 个果，共采 25 个果。

（2）将果实横切，从果实中部四方各取少许果肉，将果汁挤出，滴在机械可溶性固性物测量仪的折光棱镜的玻璃片上，再把照明盖板盖在折光棱镜上合拢，然后从眼罩镜头就可看到所显示的刻度，即该果的可溶性固形物含量。使用电子可溶性固形物测量仪时，直接将果汁挤在集液板上，即显示可溶性固形物含量，做好记录。测完 25 果后，其平均值，就是该该果园目前的可溶性固形物含量。当可溶性固形物达到了上述标准，就是红阳猕猴桃果实的适宜采收期。在没有手持测糖仪和电子测糖仪的情况下，可以通过观察红阳猕猴桃的红色素着色和种子的色泽来初步判定。如着色鲜红且面积较大，种子呈黑褐色则标志果实已经成熟。或试其果蒂与果柄之间离层是否已经形成，用手轻扭果实即可脱离果柄时便可采收。

红阳猕猴桃果实接近成熟时，内部会发生一系列变化，其中包括果肉硬度降低等，而最显著的变化是淀粉含量的降低和可溶性固形物含量的上升。在果实发育的后期，淀粉含量大致占总干物质的50%左右，进入成熟期后果实中的淀粉不断分解转化为糖，淀粉含量持续下降，而果实内糖的含量由于淀粉分解转化和来自枝蔓的营养输送显著升高，可溶性固形物（其中大部分是糖类）含量逐渐稳步上升，这时红色素上升（根据中国科学院武汉植物园王彦昌研究，红阳猕猴桃果实红色素随可溶性固形物升高而色度增加），果实横断面颜色发生显著变化。如果果实一直保留在树上不采收，可溶性固形物可以上升至15°以上，以至于达到可食状态。

二、采收技术

（1）准备采果袋或采果篮。猕猴桃是浆果，皮很薄，很容易碰伤，最好用帆布采果袋采收。

（2）准备包装箱。常用木箱或塑料箱。木条箱长宽高分别为45cm、33 cm和23.5cm，可装红阳猕猴桃鲜果15kg。木条间距1～1.5cm，木箱内面宜光滑，须有软衬。塑料箱可选用大小两种，大的一种塑料箱长、宽、高分别为53cm、35cm和29cm，可装红阳猕猴桃鲜果25kg，另一种小的塑料箱长、宽、高分别为53cm、35cm和29cm，可装红阳猕猴桃鲜果15kg，塑料箱有通气孔，箱内果实田间热能得到散发，温度比较稳定，箱内猕猴桃不会产生呼吸跃变，有利于运输和贮藏。塑料箱较木箱轻便，也很抗压，便于搬运和堆码。

（3）为了避免采果时造成果实机械损伤，果实采收时，采果人员应剪短指甲，戴软质手套。

（4）为了保证红阳猕猴桃果实采收后的食品质量安全，果实采收前30天，果园内不能喷洒农药、化肥或其他化学制剂，也不能灌水。

（5）为避免猕猴桃受风、雨、强光和高温的影响，选择无风的阴天或晴天上午露水干后至11时、下午4时至天黑前采收。

（6）采摘时左手握着结果蔓，右手托着果实轻轻往上抬扭，果实即可采下，再轻轻地放在采果袋或采果篮里。采果要分级分批进行，先采生长正常的商品果，再采生长正常的小果，对伤果、病虫为害果、日灼果等应分开采收，不要与商品果混淆。先采外部果，后采内部果。

（7）采摘后经8～12小时的荫处预贮存放后，要在24小时内入库。整个操作过程必须轻拿、轻放、轻装、轻卸，以减少果实的刺伤、压伤、撞伤。

三、分 级

为便于销售和贮藏，采收后应立即分级。分级应在预冷间完成或温度较低的室内工棚内进行，避免日晒雨淋。分级时，首先剔除病虫果、腐烂果、畸形果和受伤果，然后按单果重量分为三级：特级果80～90g；一级果90～120g，70～80g；二级果60～70g，120～140g。果实无病虫、无畸形、无日灼。果形呈圆柱形，果皮色泽黄绿色，果肉色泽黄肉红心。60g以下和140g以上的为等外级。用于外销的多为一级和特级果。分级用人工分级或用机器分级。

四、包 装

科学包装对提高红阳猕猴桃果实商品性、安全运输和延长贮藏期都具有重要的意义。红阳猕猴桃科学的包装可以避免或减少果实在搬运、装卸过程中造成的损失，便于安全运输。因果实损伤少，贮藏中烂果也会少。

包装分为3种情况：第一种情况是用于长期冷库贮藏保鲜的，这类果实分级完成后用塑料箱内套无毒塑料袋，将果实直接放入无毒塑料袋内，加入保鲜剂，即完成包装任务。第二种情况是现销包装，这种包装要充分考虑到红阳猕猴桃属中华猕猴桃类，是薄皮浆果，最好用软纸单个包好，放在专门制作的塑料果盘的凹中，用专用无毒塑料膜覆盖保鲜，后装入纸箱内存入预冷室待售。第三种情况是短期贮藏保鲜，随存随卖包装，把鲜果用软纸单个包好，放在专门制作的塑料果盘的凹中，然后放入包装箱内预先放好的特制的 PE 或 PVC 塑料膜袋中，每袋放 3～4 层。如果不用塑料盘包装，也必须用软纸或塑料泡沫网单个包裹，然后轻轻地分 3～5 层摆放在包装箱中的 PE 或 PVC塑料膜袋中，最后封盖及时运往冷库保鲜做短期贮藏。

第二节　贮藏保鲜

一、贮藏库选择

猕猴桃保鲜贮藏主要采用普通冷藏库和气调库两种。

1. 普通冷藏库

贮藏猕猴桃时，果实温度保持在（0±0.5）℃，果实周围的相对湿度保持在 90%～95%。

2. 气调库

气调贮藏是当今最先进的果实保鲜贮藏方法。气调贮藏的实质是在冷藏的基础上增加气体成分，一般调节猕猴桃气调贮藏适宜的组合为：二氧化碳的浓度为 3%～5%，氧气浓度为 2%，相对湿度90%～95%，温度 0±0.5℃（而空气中含有 79% 的氮气，0.03% 的二氧化碳和 21% 的氧气，二氧化碳和氧气浓度影响果实呼吸强度，氮气属中性气体对果实呼吸强度不影响）。果实收获后，靠消耗体内营养进行呼吸，其呼吸强度直接影响其新鲜度，因此抑制呼吸，通过对贮藏环境中温度、湿度、氧气、二氧化碳和乙烯浓度等条件的控制，实现抑制果实的呼吸作用，减缓新陈代谢，减少腐烂及病虫害，减少水分丧失，最大限度地保持果品的新鲜度和商品性，延长贮藏期和销售的货架期。气调贮藏具有贮藏时间长、贮藏效果好等许多优点，从而可以使果品能够达到季产年销和周年供应，给生产和经营者带来显著的经济效益。

二、预贮

入库长期贮藏的红阳猕猴桃果实要经过预贮。刚采收的果实，带有大量的田间热，而且其呼吸、代谢等生理活动旺盛，易自动催熟。预冷的目的是去除果实所带的田间热。不经预冷入库，果温与库内温度相差太大（约30℃左右），会使果实表面凝水、内部生理活动紊乱，甚至会造成过激的冷冻伤而增加病菌侵入的机会，严重影响其耐藏性。预冷一般要求在预冷室内进行，给予0.75 L/s·kg流量的冷空气，经8～10小时，将果温降至3～4℃。如果没有预冷室，可将装有果实的包装箱放在通气的室内晾冷。

三、入库

果实入库前一周对果库消毒，冷库消毒包括杀菌杀虫，新库和旧库都必须消毒处理，消毒方法主要采用喷药和熏蒸消毒，消毒后闭门2～3天。具体参考方法：每100m³用20mL甲醛熏蒸消毒，密封2～3天，然后通风换气3～5小时。将库温降到0.5℃，温度变幅不超过±0.5℃。

贮藏箱可用长、宽、高分别为53cm、35cm、29cm的标准果品贮藏保鲜塑料箱。内置厚度0.03～0.05mm的聚乙烯塑料保鲜袋，袋子口径80～90cm，袋长80cm。将经过预冷的果实装入保鲜袋中，每袋约25kg，放入保鲜剂，用绳子轻扎保鲜袋口。

首次入库的果实数量可达总库容的20%～30%，以后每天按库容的10%入库，以免引起库温起伏过大。进库后先将果箱散开摆放，待1～2天果实温度降至0℃再按要求堆码。未经预冷的果实入库时应直接将果实放在果箱内入库，待果实温度下将到0℃后再装入聚乙烯塑料保鲜袋内，以利于果实迅速降温。整个入库过程中，制冷机要全部开动，不能停机。

果箱在库内堆放时应留有50～60cm的主风道（与冷风机方向

相同）和 30～40cm 的侧风道（与冷风机方向垂直），冷风机下距墙 80～100cm，对面距墙 50～60cm，其他两侧距墙 30～40cm，距库顶 100～150cm。堆垒与墙之间留 20～30cm 的空隙，堆垒间距 30～50cm，果箱之间留缝隙 12cm，果箱距库顶 50cm，果箱下的垛底垫木高 10～15cm，以利库内空气流通。

四、贮藏库的管理

气调保鲜库的管理比较简单，下面重点介绍普通保鲜冷库的管理。

保鲜冷库房外应设有能恒定显示库内温度的直接读数的显示器，同时在库内代表性方位安装 3～5 个温度计，温度计应放置在不受冷凝、异常气流、振动和冲击的地方，果实入库后将温度计插入果箱中用保鲜袋封住后观测温度，并用精密玻璃温度计校正控温仪的显示温度，防止仪表误差导致果实受冻或温度过高。如果库内温差大于 0.5℃，则应调整堆码方式和调节各风机的制冷量。

库内相对湿度应保持在 90%～95%，湿度不足时应在地板上放水盆增湿，气调贮藏一般配备有增湿器能自动调节。普通贮藏库最好配置超声波加湿器使湿度达到要求。

入库后的前 2 周，应每 3 天通风一次，以后每隔 4～5 天通风一次。通风时先关住库门，打开风门，开动风机，时间 = 库容／风机抽风量，到时间后打开库门，再按以上的时间抽风，如此反复 2～3 次。抽风换气后立即加湿，通风时制冷机不能停机。

每隔 2～3 天检查库温一次，检查库内温度、湿度是否与设备的控制仪表显示的相符，发现问题立即校正。入库时不宜开库内大灯，用手电筒即可。同时观察冷风机的结霜情况与化霜效果，化霜时间以能将霜化完为止，不宜太长。化霜时关闭制冷机，化霜后先开冷风机 5 分钟，然后再开动制冷机。

果实入库后 20 天左右在库内检查全部果实一次，拣出软化果及其他不宜贮藏的果实。

红阳猕猴桃果实刚采收时的硬度约在 $12 \sim 13kg/cm^2$，手感很硬。在 0℃ 的贮藏条件下，果实硬度大致可保持原始值 $4 \sim 5$ 天，然后迅速下降。在贮藏后 4 周时下降到 $4kg/cm^2$ 左右，手感已变软；此后硬度缓慢下降，到 $16 \sim 20$ 周时达到最低出口界限硬度 $2kg/cm^2$，并大致保持这个硬度直到 24 周左右。在气调库贮藏中，果实最长可保存 $4 \sim 8$ 个月甚至一年。

一般红阳猕猴桃鲜果果实入库时果肉硬度在 $12 \sim 13kg/cm^2$，出库时应保持在 $2kg/cm^2$，零售时的硬度以在 $1kg/cm^2$ 左右为宜。

第三节 加工技术

目前，国内开发猕猴桃加工产品，主要是利用野生猕猴桃和售价较低的第一代绿肉猕猴桃进行加工制品。近年来，红阳猕猴桃产区加工企业开始使用红阳猕猴桃小果、次果进行加工。主要产品有红阳猕猴桃原汁、红阳猕猴桃浓缩汁、酱、晶、酒、醋等品种。现简单介绍如下。

一、红阳猕猴桃原汁

该汁也叫红阳猕猴桃原酱，是红阳猕猴桃果实直接压榨而成，果汁中含有果肉悬浮颗粒、果酸、果胶、维生素等含量较多，除红色素较少保留外，其他色、香、味基本保持红阳猕猴桃鲜果质感，营养丰富，商品价值高。

1. 技术要求

（1）感观指标：①色泽：呈黄绿色或淡黄色。②风味：具有猕猴桃固有的风味，甜酸可口，无异味。③组织形态：果汁均匀混浊。静置后允许稍有沉淀及轻度分离，但摇后仍呈均匀混浊状态。④杂质：不允许存在。

（2）理化指标：①可溶性固形物：$12\% \sim 16\%$（以折光度计）。②总酸：以柠檬酸计 $0.6\% \sim 1.2\%$。③原汁含量：不低于 30%。④净重：每罐允许误差±3%，每批平均不低于净重。⑤重金属含量：每千克制品中锡不超过200mg，铜不超过100mg，铅不超过2mg。

（3）微生物指标：无致病菌及因微生物所引起的腐败表征。

2. 工艺流程

原料选择→原料处理→破碎压榨→调配→脱气→均质→加热过滤→装罐→密封→杀菌→冷却。

3. 工艺要点

（1）原料选择：选用充分成熟、果肉色泽一致、组织变软的新鲜红阳猕猴桃果实作原料，剔除成熟度不够或发霉变质、病虫害以及破裂果实。

（2）原料处理：用流动清水洗去果面上的泥沙、杂质和毛绒。

（3）破碎压汁：将漂洗干净的果实用手工或双滚筒破碎机进行破碎，应反复破碎2～3次，然后将破碎后的果肉，放入压汁机内榨汁。也可采用土法布袋压榨，吊滤果浆分离渣汁。第一次榨汁后的果渣加入15%清水，搅拌均匀后再压榨一次，将两次榨汁混合。

（4）调配：根据质量标准和消费者口味要求，果汁需适当地加，和柠檬酸调配到一定的糖酸比例。一般产品按果汁30%，糖度16%±2%（按折光计），总酸0.4%±0.1%调配。优质产品按含原果汁60%，补加适量水、糖、酸配成。

（5）脱气均质：可用蒸汽喷射排气法，使果汁中的气体迅速逸出，抑制果汁褐变。然后用高压均质机在12.64～19.6MPa压力下进行均质，促使果肉颗粒细化，大小均匀，悬浮于果汁中。

（6）加热：均质后的果汁需迅速加热到70～80℃，其作用一是降低酶的活性，减少维生素C的氧化损失；二是使蛋白质等胶粒凝固沉淀，减少贮藏中沉淀的产生；三是减少微生物的污染。四是提高装罐温度，增强杀菌效果。

（7）过滤：加热后的果汁用绒布或四层纱布过滤。

（8）装罐：要趁热装罐，罐要经预先蒸汽消毒。

（9）密封：装罐要立即密封。封口温度不低于 65℃。如果用真空密封则真空度为 46.6kPa 左右。

（10）杀菌、冷却：一般用高温短时间杀菌，升温 3 分钟后，沸水杀菌 8 分钟后立即冷却至 37℃。后擦干水分，倒置堆垛、入库。

二、红肉猕猴桃浓缩汁

浓缩汁是利用物理方法除去红阳猕猴桃鲜果汁中的多余水分，把体积浓缩至 1/5 而成。浓缩汁能保持新鲜红阳猕猴桃果汁的营养和风味，节约包装和运输费用，浓缩汁糖分含量高不需使用防腐剂，生产前途很好。

1．技术要求

浓缩红阳猕猴桃果汁，必须保持红阳猕猴桃天然风味和营养成分，用水稀释后须具有新鲜果汁相似的色、香、味。

2．工艺流程

原料→分选→压碎榨汁→澄清调配→浓缩→包装→成品。

3．操作要点

原料分选、清洗、破碎、压榨、澄清、调配都与生产红肉猕猴桃原汁相同方法。浓缩汁生产重点是浓缩的操作方法共有 3 种：

（1）常压高温浓缩：用不锈钢双层锅，锅壁中夹层通往饱合蒸气，浓缩开始前放出夹层冷水和冷气，使蒸气压力稳定，维持 2～2.5kg/cm²，盛入果汁开始浓缩，不断搅拌，加速水分蒸发，防止焦化。每锅浓缩时间不超过 40 分钟。当果汁可溶性固形物接近终点时，关闭蒸气阀，迅速出锅。

（2）高温浓缩法：用开口不锈钢锅，盛入果汁，每锅 20～25kg，在加热的同时，不断搅拌，防止焦化，浓缩可溶性固形物至 60% 时，约需 40 分钟即成。

（3）真空浓缩法：使用离心薄膜蒸发器或单效浓缩锅，将果汁吸入真空浓缩锅内，在减压条件下蒸发浓缩。当锅内真空达到 500mmHg

时将果汁吸入锅内，其液面高于加热排管面时，送入蒸气加热，保持蒸气压力 1.5 kg/cm²，真空度 600 ～ 650mmHg，果汁温度 60℃，保持沸腾液面始终高于加热面 15 ～ 20 cm，防止焦化。抽样测定接近要求浓度时关闭蒸气阀和真空泵，然后开启放气阀，释放真空，及时出料。用玻璃罐装后立即封口，尽快冷却即成。

三、红肉猕猴桃酱

1. 技术要求

（1）感观指标：①色泽：果酱呈黄绿色，清亮不混浊，均匀一致，有光泽。②组织形态：果酱呈胶黏状态，块酱体保持部分果块，泥酱体呈均匀泥状，果酱置于水面上允许慢慢流散，不得分泌汁液，无糖结晶，无硬块，稠度适当。③风味：具有猕猴桃果酱应有的滋味和气味，无焦糊味，无异味。④杂质：不允许存在。

（2）理化指标：①可溶性固形物：不低于65%（以折光度计）。②总糖：不低于57%（按转化糖计）。③重金属含量：每千克制品中锡不超过200mg，铜不超过10mg，铅不超过2mg。

（3）微生物指标：无致病菌及因微生物所引起的腐败表征。

2. 工艺流程

原料选择→清洗果实→去果皮→打酱、配料→浓缩→装罐→杀菌→冷却→成品。

3. 操作要点

（1）选果：选择 9 ～ 10 成熟红阳猕猴桃鲜果，剔除腐烂、病虫、变质、污染等不合格果实。

（2）清洗：用流动的清洁水清洗果实，洗净果面泥沙和其他附着物。

（3）去皮：去除果实表皮，分人工去皮和机械去皮及碱去皮 3 种。

（4）打浆：将去皮果用打浆机打浆，要求打浆机筛孔 0.8 ～ 2mm。

（5）配料：按果肉∶砂糖 =1∶1 比例配料。并用水溶化、加热、过滤。

（6）浓缩：① 常压浓缩法，将果浆和糖液总量的 1/3 在不锈钢双层锅内预热软化 8 ～ 10 分钟，软化后再分 2 ～ 3 次加入剩余的糖液和果浆，继续加热浓缩 20 分钟，在 2.5 kg/cm² 蒸气压力下迅速浓缩到可溶性固形物达到 65% 时，迅速关闭蒸气、起锅、热装、封罐。② 真空浓缩法：锅内真空度保持 600mmHg，蒸气压力保持 1.5 kg/cm² 左右，当浓缩至可溶性固形物达到 65% 时，除真空，升温果酱，压力保持 2 kg/cm² 左右，当果酱温度达到 90℃时，迅速关闭蒸气、起锅、热装、封罐。

（7）装罐：空罐温度 40℃以上，果酱温度 80℃，称足质量，保证净重。

（8）封口：预先用酒精消毒瓶盖，装瓶后及时上盖拧紧。

（9）杀菌：采用蒸气常压杀菌。蒸气温度 100℃，杀菌 15 分钟。

（10）冷却、入库：杀菌完成后分段淋水冷却，段间温差不超过20℃，最后冷却至 40℃时，堆垛、擦水、入库。

四、红阳猕猴桃桃晶

1. 工艺流程

原料选择→清洗→破碎榨汁→浓缩→加糖成型→烘干→过筛→包装。

2. 操作要点

（1）原料选择：选用成熟度高、新鲜、香气浓、无病虫害或发霉变质的红阳猕猴桃果实。

（2）清洗、榨汁：用流动清水洗净果实表面的泥沙和污物，放入打浆机内打成浆状，也可用木棒捣碎。破碎要迅速以免果汁和空气接触过多而氧化。然后压榨过滤除去皮渣和种子。若将破碎果加热到 65℃趁热压榨，可增加出汁率。经绒布过滤一遍。

（3）浓缩：将过滤的果汁置于真空干燥器内浓缩，维生素 C 破坏量少些，采用夹层锅熬煮时维生素 C 损失大。待浓缩至含糖量达

58%～59%时，汁液呈黄绿色，即可出锅。

（4）加糖、成型：取干燥的砂糖，磨成粉过筛成糖粉。浓缩汁30kg，加入白糖粉70kg，搅拌均匀。为提高风味可适当添加柠檬。在成型机内拌成圆形或圆锥形米粒大小的颗粒。若无成型机，可用手工搓揉，使粒团松散，再用孔径2.5mm和0.9mm尼龙筛或金属筛制成小颗粒。

（5）烘干、过滤：将已成型的颗粒均匀地摊放烘盘中，摊放厚度1.5～2cm，送入烘房中，控制温度为65～70℃，时间约3小时。烘烤2小时后用竹耙将盘内晶粒上下翻动一遍，使其受热均匀，加速干燥。干燥后冷却、过筛使规格一致。

（6）包装：过筛后的成品按规格分别包装。为冲饮方便一般采用小食品袋包装，每袋净重20g。

3．特点

成品为黄绿色、米粒大的颗粒，无杂质，携带方便，冲化后呈黄绿色饮料，味酸甜，具有红阳猕猴桃汁的风味。

五、猕猴桃酒

1．技术要求

（1）感观指标：① 色泽：浅红、金黄，清亮透明。② 风味：具有红阳猕猴桃特有芳香味和陈酒味，酒质醇厚，酸甜适口，无异味。③ 组织形态：无混浊沉淀及悬浮物。④ 杂质：不允许存在。

（2）理化指标：酒精度16%～18%，总酸0.6%，总糖12%。

2．工艺流程

原料→分选→破碎→主发酵→后发酵→调整成分→陈酿→配酒→过滤→包装→成品。

3．操作要点

（1）选择成熟度高，品种纯正的红阳猕猴桃鲜果，才能酿制出好酒。

（2）破碎：用破碎机打浆。

（3）主发酵：将红阳猕猴桃果浆放入已消毒的容器内自然发酵。发酵时果浆装入量为容器的4/5，防止发酵时产生大量气体而溢出。发酵开始时经供足氧气，使酵母菌加速繁殖，后期要密闭窗口，使酵母在无氧条件下进行酒精发酵，以便产生大量酒精。

发酵温度为25～30℃，最高不超过32℃，最低不低于15℃。发酵过程中每天定时搅拌两次，使上、中、下层均匀发酵，4～5天即完成主发酵。

（4）后发酵：主发酵后的原酒中还有部分糖通过一段时间的微发酵变成酒精。在后发酵过程中，把原酒调到酒精度12°以上，并在液面上加入少量的二氧化硫。再将主发酵原酒装入容器占容器容积的95%，发酵期间温度严格控制在20～25℃，发酵一月即成。

（5）调整成分：后发酵结束后，用虹吸法将沉淀物分离，将酒精度用白酒调整到18°。

（6）陈酿：将酒密封，在温度15～18℃条件下的地下室陈酿2年。

（7）配酒：根据不同品种要进行配方调制。调整后的商品红阳猕猴桃果酒，酒精度为15%～16%，酸度为0.6%。

（8）过滤：用压滤机过滤后，在80℃热水中煮20分钟。

（9）包装：将酒分装入洁净的酒瓶内，压盖密封，检测合格后贴上标签。

六、红阳猕猴桃果醋

1. 技术要求

（1）感观指标：①色泽：淡黄色，澄清。②风味：具有红阳猕猴桃果香和醋的特殊香味，无异味，酸味柔和，甜而不涩。③杂质：不允许。

（2）理化指标：①可溶性固形物：1.5%～1.8%。②醋酸含量：

3.5%～5.0%。③酒精含量：0.15%～0.2%。④还原糖：1～1.5 g/mL。⑤微生物：不得检出挥发酸，无致病菌。

2．工艺流程

原料→清洗→粉碎→蒸煮→糖化→榨汁→发酵→过滤→杀菌→包装→成品。

3．技术要点

（1）清洗：把红阳猕猴桃残次果用清水洗去表面泥沙和污染物。

（2）蒸煮：将破碎后的果肉和果汁一起放入蒸煮锅内，蒸煮1小时。

（3）糖尿病化：蒸熟的果料在温度60～65℃时，加入麸曲，加入果料总量的5%，拌匀，与剩余果料一起放入糖尿病化容器中，使温度保持在60～65℃进行2小时糖化。

（4）榨汁：将糖化料用榨汁机取汁。

（5）发酵：将榨出的果汁糖度调整到7%，并使温度保持在30～35℃，加入酵母液（占总量的8%），密封，在30℃环境条件下发酵一周，后加入5%的醋酸菌液，并将液全部转入通风发酵罐中，保持温度30℃，进行有氧发酵1个月，其醋酸酸度达到3.5%即成。

（6）包装：将发酵液过滤、杀菌、装瓶即成。

附录：红阳猕猴桃周年管理历

一月（小寒，大寒）

1. 幼树整形，成年树修剪。
2. 育苗地整地，苗圃嫁接。
3. 树冠全面喷 5 波美度石硫合剂。
4. 新建园补栽

二月（立春，雨水）

1. 施芽前肥，氮肥为主，成年树株施尿素 1kg，对水 15kg 灌溉。
2. 树冠全面喷 3 ～ 5 波美度石硫合剂。
3. 嫁接苗木。

三月（惊蛰，春分）

1. 1 000 倍甲基硫菌灵加 3 000 倍农用链霉素树冠喷雾，综合预防多种真菌和溃疡病、花腐病。
2. 播种育苗。

四月（清明，谷雨）

1. 绑蔓，抹芽，摘心，扭梢，打尖，间作管理。
2. 喷药防虫防病，人工捕捉金龟子等害虫。
3. 苗圃地锄草，灌水，施肥。
4. 疏蕾、疏花、人工授粉。

五月（立夏，小满）

1. 防治病虫：2 500 倍亩旺特 +2 500 倍腐霉利 +3 000 倍农用链霉

素树冠喷雾，综合防治卷叶蛾、褐斑病、溃疡病为代表的害虫、真菌和细菌病害。

2. 雄株修剪：修剪程度相似于冬季修剪，疏短结合，更新促发健壮的营养枝。

3. 幼树绑蔓、引缚上架：按"一干、两蔓、八侧"培养树形。

4. 疏果、套袋：谢花后30天，按叶果比6∶1留果，用2 500倍毒死蜱+3 000倍定酰菌胺+3 000倍农用链霉素树冠喷雾后，药水干后套果，当天喷药当天套完。

5. 施壮果肥：成年树参考用肥尿素2kg+磷酸二氢钾1kg，对水灌溉。

六月（芒种，夏至）

1. 幼树拉枝绑蔓，成年树继续夏季修剪。

2. 本月是蚧壳虫集中孵化期，防治药剂参照五月。

3. 果园覆盖。

4. 堆沤基肥。

七月（小暑，大暑）

1. 加强果园水分管理，保持田间相对持水量60%～80%，旱灌，涝排。

2. 用药防治褐斑病、黑斑病、轮纹病引起早期落叶。

3. 夏季嫁接。

4. 果园覆盖。

八月（立秋，处暑）

1. 用药防治褐斑病、黑斑病、轮纹病引起早期落叶。

2. 严格控制肥水施入，保证果实应有品质。

九月（白露，秋分）

1. 果实采收。

2. 用 2 500 倍亩旺特 +2 500 腐霉利 +3 000 倍农用链霉素树冠喷雾，综合防治病虫。

3. 清理果园沟渠，加强果园排水。

十月（寒露，霜降）

1. 清洁果园，树干涂白（用 1 份石灰 +1 份硫酸铜 +100 份水及少许食盐的波尔多液浆）。

2. 施基肥。每亩施用已经腐熟的农家肥 4 000 ～ 5 000kg 含堆沤加入的 300kg 磷肥，200kg 饼肥，2 ～ 3kg 铁、锌、镁肥）。幼龄园扩穴抽槽深施，成年园隔行抽槽深施。

十一月（立冬，小雪）

1. 继续十月未完成工作。

2. 苗圃起苗，新建园定植，幼园补栽。

十二月（大雪，冬至）

1. 幼树整形，成年树修剪。

2. 树体喷雾 5 波美度石硫合剂。

3. 清洁园土，地面喷药杀虫、杀菌。

主要参考文献

［1］吴伯乐，李兴德．红肉优质耐贮猕猴桃——红阳．中国果树，1993.11. 1993（4）；15，27.

［2］朱鸿云．猕猴桃．北京：中国林业出版社，2009.

［3］吴世权．高群．红阳猕猴桃果实套袋对品质的影响试验初报．落叶果树，2009（4）：6.

［4］吴世权等．猕猴桃早期落叶病发生原因及防治对策．中国果树，2009（5），73.

［5］陈章玖．提高中华猕猴桃商品性栽培技术问答．北京：金盾出版社，2009.